Ulrich Hampl, Manfred Hoffmann, Barbara Kaiser-Heydenreich, Walter Kress, Julia Markl

Ökologische Bodenbearbeitung und Beikrautregulierung

Recycling-Papier - ein Beitrag zum aktiven Umweltschutz

Die Stiftung Ökologie & Landbau (SÖL) druckt ihre Publikationen seit 1979 auf grauem Recyclingpapier. Seit 1992 verwendet sie das hellere Resaprintpapier, das zu 100% aus Altpapier ohne Chlorbleiche hergestellt wird. Damit können wir unseren Lesern ein optisch ansprechendes Schriftbild auf hellem Hintergrund anbieten, das die Lesbarkeit erleichtert. Seit Gründung der Stiftung (1962) bemüht sich die SÖL, ihre Schriften so umweltfreundlich wie möglich zu produzieren und zu verpacken. So sind unsere Bücher z.B. auch nicht in Folien eingeschweißt.

ULRICH HAMPL, geb. 1960, Dr. Dipl. Ing. agr. Seit 1986 Mitarbeiter der Stiftung Ökologie & Landbau und im Vorstand der Gesellschaft für Boden, Technik, Qualität (BTQ). Spezialgebiet Bodenumstellung auf ökologischen Anbau, Forschung und Fortbildung im ökologischen Land-, Wein- und Gartenbau.

Herausgeber:
Gesellschaft für Boden, Technik, Qualität (BTQ)
Stiftung Ökologie & Landbau (SÖL)

Ulrich Hampl, Manfred Hoffmann, Barbara Kaiser-Heydenreich,
Walter Kress, Julia Markl

Ökologische Bodenbearbeitung und Beikrautregulierung

SÖL-Sonderausgabe Nr. 56
Stiftung Ökologie & Landbau

Alle in diesem Buch enthaltenen Angaben, Ergebnisse usw. wurden von den Autoren nach bestem Wissen erstellt und von ihnen sowie der Stiftung Ökologie & Landbau mit größtmöglicher Sorgfalt überprüft. Dennoch sind inhaltliche Fehler nicht völlig auszuschließen. Daher erfolgen alle Angaben usw. ohne jegliche Verpflichtung oder Garantie des Verlages oder der Autoren. Beide übernehmen deshalb keinerlei Verantwortung und Haftung für etwa vorhandene inhaltliche Unrichtigkeiten.

Die Deutsche Bibliothek – CIP-Einheitsaufnahme

Bodenbearbeitung und Beikrautregulierung im ökologischen Landbau/
Hrsg.: Gesellschaft für Boden, Technik, Qualität (BTQ) ; Stiftung Ökologie & Landbau (SÖL). Ulrich Hampl ...
- Bad Dürkheim : SÖL ; Holm : Deukalion, 1995
(SÖL-Sonderausgabe ; Nr. 56)
ISBN 3-926104-56-2
NE: Hampl, Ulrich; Gesellschaft für Boden, Technik, Qualität;
Stiftung Ökologie und Landbau: SÖL-Sonderausgabe

Bezug: DEUKALION Verlag,
Postfach 1165, D-25488 Holm

Titelfoto: Ulrich Hampl

Druck: Rohr Druck GmbH, D-67657 Kaiserslautern

ISBN 3-926104-56-2

Inhalt

Vorwort 9

Teil A: Bodenbearbeitung

Einleitung 13

I. Die Grundbodenbearbeitung 15

Geschichte der Grundbodenbearbeitung 15

Chancen und Grenzen der modernen Grundbodenbearbeitung – Probleme des Pflügens 18

Minimalbodenbearbeitung als Lösung? 21

Die Grundbodenbearbeitung - ökologisch betrachtet 22

Die Bedeutung des Bodenlebens 22

Methoden zur Feststellung des Bodenzustandes 24

Chemische Bodenanalyse 24

Spatendiagnose 25

Ökologische Grundbodenbearbeitung als Konzept 27

Schichterhaltende Bodenbearbeitung bevorzugen . . . 29

Flach wenden, tief lockern 30

Keine Lockerung ohne sofortige Ansaat von Pflanzen 30

Regenwurmschonend arbeiten 31

Bodenfruchtbarkeit durch Fruchtfolge erhalten 32

Geräte zur Grundbodenbearbeitung im ökologischen Landbau 37

Wühlpflug 38

Schichtengrubber, Rotorgrubber 39

Zweischichtenpflug 44

Spatenmaschine 48

Abbruchlockerer 49

Fazit 51

II. Die Oberbodenbearbeitung 53
Gezogene Geräte zur Oberbodenbearbeitung 55
Schälpflug, Stoppelhobel 55
Schwergrubber 56
Feingrubber, Eggen, Saatbettkombinationen 58
Scheibenegge, Spatenrollegge 59
Zapfwellengeräte zur Oberbodenbearbeitung 60

III. Spezialverfahren der ökologischen Bodenbearbeitung . 65
Kemink-System 65
»Nachtpflügen« 68
IV. Mechanisierungskonzepte 71
Mit oder ohne Pflug? 71
Schwere oder leichte Mechanisierung? 72

Teil B: Beikrautregulierung
Einleitung 77
I. Vom Nutzen der Beikräuter 79
Bodenschutz 79
Förderung der Nützlinge 81
Auswirkungen auf Schädlinge 81
Bienentracht 81
Beikräuter als Zeigerpflanzen 82
II. Vorbeugende (indirekte) Beikrautregulierung 85
III. Direkte Beikrautregulierung 87
Striegeln 87
Einsatzzeitpunkte des Striegelns 88
Blindeggen 89
Schwarzeggen 91
Auskämmen 92
Striegel-Bauarten 93
Gliederegge/Netzegge 93
Federzinken-Striegelegge mit beweglichem Rahmen . 95
Hackstriegel mit Parallelogrammaufhängung 96

Striegeltypen mit starrem Rahmen 97
Spezial-Hackstriegel für schwere Böden 97
Wichtige Kriterien für die Auswahl eines geeigneten Gerätes 98
Zinken 98
Zinkenfelder 99
Arbeitsbreite 99
Einstellungsmöglichkeiten 100
Einsatzbereiche des Striegels - Grenzen des Striegelns . 101
Hacktechnik 101
Thermische Verfahren 102
IV. Zehn Regeln beim Befahren von Ackerboden 105
Ausblick 113
Herstellernachweis 115
Eine Auswahl von Striegeln im Vergleich 118
Zweischichtenpflüge mit Untergrund-Lockerungsscharen im Test 119
Spatendiagnose-Auswertungsbogen 221
Literatur 127

Vorwort

Liebe Leser,

wir haben uns entschlossen, die beiden SÖL-Sonderausgaben Nr. 51 und Nr. 52 (»Striegeln - mechanische Unkrautregulierung im ökologischen Landbau« und »Bodenbearbeitung im ökologischen Landbau«) zusammenzulegen. Mitherausgeber ist die Gesellschaft für Boden, Technik, Qualität (BTQ).
Was vor Ihnen liegt, ist eine völlig überarbeitete und großzügig erweiterte Neuauflage, die versucht, dem interessierten Praktiker in entscheidenden Punkten Hilfestellung zu geben. Die Broschüre wendet sich insbesondere an Landwirte, die eine Umstellung ihres Betriebes auf ökologischen Landbau planen.
Eine der wichtigsten Fragen ist: Woher erhält der Öko-Bauer seine Erträge?
Dieser Frage wird im ersten Teil der Broschüre nachgegangen. Dabei spielt die Bodenbearbeitung die entscheidende Rolle. Als ökologisch denkender Landwirt muß man sich immer wieder bewußt machen: Es sind die Pflanzen, die für den Bauern arbeiten. Sie allein sind in der Lage, das energiereiche Sonnenlicht in organischer Masse (Früchte, Blätter, Wurzeln) zu speichern. Von dieser Tätigkeit der Pflanzen leben wir alle, besonders der Landwirt, der die Produkte der Pflanzen verkaufen will.
Um also seinen pflanzlichen »Mitarbeitern« möglichst gute Lebensbedingungen zu verschaffen, wird er besonders sorgfältige Bodenpflege betreiben. Denn es ist der Boden, der die Kulturpflanzen - und damit uns - ernährt; von ca. 30 cm fruchtbarer Erde hängt das Überleben der Menschheit ab!

Wie man einen solchen Boden herstellt, d. h. wie eine ökologisch sinnvolle Bodenbearbeitung aussehen soll, davon handelt der erste Teil dieser Publikation.
Viele Landwirte haben gerade in der Umstellungszeit Bedenken hinsichtlich der Unkrautbestände auf ihren Äckern. Eine wichtige Neuanschaffung sind daher Geräte zur mechanischen Beikrautregulierung. Dabei nimmt der Striegel eine herausragende Rolle ein. Teil 2 der Broschüre informiert über ökologische Beikrautregulierung, insbesondere den richtigen Einsatz des Striegels in Getreide- und sonstigen Feldkulturen.
Somit vereint die neue SÖL-Sonderausgabe »Ökologische Bodenbearbeitung und Beikrautregulierung« die beiden Kernpunkte einer Umstellung auf den Öko-Landbau.

Bad Dürkheim im September 1995
Julia Markl

Teil A
Bodenbearbeitung

Einleitung

Ein tätiger, belebter Boden ist die Grundlage ökologischer Landbewirtschaftung. Milliarden von Lebewesen müssen in jeder Handvoll Erde enthalten sein, um all die Aufgaben zu erfüllen, die wir von ihnen erwarten - dazu gehören Krümelstabilität, Wasser- und Luftspeicherung, Wasserreinigung, Nährtoffbereitstellung, Schadstoffestlegung und vieles mehr.
Erst durch das mikrobielle und sonstige Bodenleben wird aus Erde fruchtbarer Boden - nur wenn die riesige Lebensgemeinschaft im Ökosystem Boden optimale Lebensbedingungen vorfindet, kann der Boden bei ökologischer Bewirtschaftung gesunde Pflanzenerträge liefern.

Sofern der Mensch nicht eingreift, erhält die Natur ihre Bodenfruchtbarkeit selbstregulierend: Je nach Standortbedingungen entwickeln sich die charakteristischen Mikroorganismen .und Pflanzengesellschaften, welche bodenlebenfördernd, nährstofferschließend und humusanreichernd wirken.

Der Eingriff des ackerbauenden Menschen bewirkt nun einige tiefgreifende Veränderungen:

- ❑ Ackerbau bedeutet meistens die Begünstigung monokulturähnlicher Pflanzenbestände, was mit einer Bearbeitung des Bodens und einer Vernichtung der ursprünglichen Wildflora verbunden ist.
- ❑ Die - zumindest zeitweise - Beseitigung der grünen Pflanzendecke setzt den Boden den strapaziösen Einflüssen

der Atmosphäre aus (Regen, Wind, Sonneneinstrahlung).

- Das Befahren des Ackers, angefangen bei der Bestellarbeit bis hin zur Ernte, schädigt den Boden durch Verdichtung.

Die Bodenbearbeitung hat im ökologischen Landbau nicht nur die Aufgabe, die technischen Voraussetzungen für die Ansaat von Pflanzenbeständen zu schaffen und unerwünschten Pflanzenbewuchs zu beseitigen, sondern muß vor allem dem Bodenleben möglichst gute Lebensbedingungen bieten.
Eine Hauptaufgabe ist dabei, immer wieder entstehende Bodenverdichtungen aufzulockern und Platz zu machen für Luft, Wasser und vor allem für Pflanzenwurzeln. Denn es sind die Wurzeln der Pflanzen, die zunächst für die Erhaltung des Bodenlebens sorgen, bevor sie selbst Stoffe aus dem Boden entnehmen: Durch ständige Abgabe von Wurzelausscheidungen und den Abrieb kleinster Wurzelteilchen »füttern« sie das unterirdische Leben mit energiereichen Stoffen aus organischer Substanz.

Aufgabe und Ziel einer ökologisch orientierten Bodenbearbeitung ist es also, die Voraussetzungen für eine möglichst schnelle Durchwurzelung des Bodens und damit für den Aufbau eines leistungsfähigen Bodenlebens zu schaffen, denn nur in einem krümeligen, lebendigen Bodenprofil können die Kulturpflanzen gute Wachstumsbedingungen finden und langfristig sichere Erträge bringen.

I. Die Grundbodenbearbeitung

Geschichte der Grundbodenbearbeitung

Der Mensch betreibt seit über 10.000 Jahren Ackerbau. Seit dieser Zeit mußte der Ackerbauer die Erde mit Werkzeugen freiräumen, um die Samen der von ihm gewünschten Pflanzen einzubringen, den Boden zu lockern und die Saat pflegen zu können. Das einfachste Werkzeug dafür war der Grabstock. Verschiedene Handhacken, mit denen unerwünschter Bewuchs beseitigt und offener Boden für die neue Saat vorbereitet wurde, bildeten die nächste Entwicklungsstufe.

Von Menschen und Zugtieren gezogene Haken stellten einen großen technischen Fortschritt dar. Mit diesen durch die Erde gezogenen Haken konnte eine wesentlich größere Flächenleistung erzielt werden. Die Arbeit des Hakens bestand darin, den Boden aufzuritzen, dabei unerwünschten Bewuchs abzuschneiden und eine offene Rinne mit lockerem Boden zu schaffen. In diese Rinne wurde das Saatgut eingebracht und anschließend meist zugedeckt (Abb. 1).

Abb 1. Hakenpflug

Die Haken wurden im Gespannzug mit einem oder mehreren Zugtieren weiter verbessert. Aus dieser Zeit stammt z. B. die Fertigung der ursprünglich hölzernen Hakenschare aus Eisen und die Verwendung eines Vorderwagens. Die Anbringung von steilen Streichblättern ermöglichte, daß immer mehr Erde bewegt und gelockert werden konnte. Durch diese Pflugverbesserungen, die eine Vergrößerung des für die Kulturpflanzen nutzbaren Wurzelraums mit sich brachten, konnten deutliche Ertragssteigerungen erreicht werden.
Trotz dieser Fortschritte blieb der Haken ein Gerät mit Problemen. Durch hohen Zugkraftbedarf und schwierige Handhabung konnte auch bei mehreren Arbeitsgängen der Acker nie ausreichend bearbeitet werden. Dies gelang erst mit der Erfindung des germanischen Pfluges vor etwa 2.000 Jahren (Abb. 2).
Beim germanischen Pflug war über dem Schneidschar seitlich ein Streichbrett angebracht. Das Streichbrett legte die angehobenen Erdbalken Scholle für Scholle auf die Seite ab. Auf diese Weise wurde der gesamte Acker durchgeschnitten, gelockert, und die Pflanzenreste wurden eingearbeitet. Es entstand eine einheitlich gewendete Acheroberfläche, auf die nun mittels Breitsaat sehr schnell neu eingesät werden konnte.
Mit dem germanischen Pflug war somit ein vielseitiges Bodenbearbeitungsgerät entwickelt worden, das mehrere Aufgaben gleichzeitig erfüllen konnte:

Abb 2. Germanischer Wendepflug

- **Grundbodenbearbeitung** - Auflockerung von Bodenverdichtungen
- **Beikrautregulierung** - Abschneiden von unerwünschtem Bewuchs, Einmischen von Pflanzenresten und Dünger, Vermeidung von Durchwuchs
- **Saatbettvorbereitung** - Herstellen einer krümeligen Oberfläche.

Diese Grundkonstruktion des Pfluges hat sich seit 2.000 Jahren bewährt und wurde seither lediglich in Details geringfügig verbessert. Vor allem die Ausbildung des Wendekörpers aus Eisen und die dadurch mögliche Wölbung des Streichblechs hat die Arbeitsqualität wesentlich gesteigert. Das fließende Drehen des abgeschnittenen Erdbalkens vermindert die Zugkraft und ermöglicht deshalb größere Arbeitstiefen. Gleichzeitig wirken bei der Drehung Fliehkräfte auf den Erdbalken, die die Erde auseinanderreißen und so die Lockerung und Krümelung des Bodens wesentlich verbessern. Durch die komplette Wendung des Erdbalkens wird die vollständige Einmischung von Pflanzenresten, Düngern und Beikrautsamen sichergestellt. Dadurch wird eine wirklich »saubere« Oberfläche geschaffen, auf der eine (unter Umständen notwendige) feine Saatbettbereitung und die Saat problemlos durchgeführt werden können.

Bis vor wenigen Jahrzehnten war der Pflug deshalb das wichtigste und vielseitigste Bodenbearbeitungsgerät. In einem Arbeitsgang konnten mit vorhandener Zugkraft Wurzelraum für die Pflanzen geschaffen, Erntereste eingemischt und das Saatbett vorbereitet werden.
Da die vorhandene Zugkraft beim Gespannzug im Durchschnitt keine größeren Arbeitstiefen als 10 bis 15 Zentimeter zuließ, lag die Hauptwurzel- und Ernährungszone der Kulturpflanzen kaum tiefer. Dadurch gelangten die Erträge über ein für heutige Verhältnisse relativ geringes Niveau nicht hinaus.

Chancen und Grenzen der modernen Grundbodenbearbeitung – Probleme des Pflügens

In Deutschland gibt es nur wenige Betriebe, die keinen eigenen Pflug besitzen. Die regelmäßige Pflugarbeit ist nach wie vor Standard. In der Nachkriegszeit wurde es mit der Einführung zugkräftiger Schlepper möglich, den Boden tiefer als mit dem tiergezogenen Pflug zu bearbeiten und somit eine »Krumenvertiefung« zu erreichen.
Deshalb wurde der Pflug immer tiefer eingesetzt und für diesen Zweck auch immer größer gebaut, wobei vielfach das sinnvolle Optimum erheblich überschritten wurde.
Dies hatte negative Auswirkungen:
Mit zunehmender Schnittbreite und Arbeitstiefe wird das Volumen des gewendeten Erdbalkens größer. Da bei gleichbleibender Arbeitsgeschwindigkeit die Fliehkräfte beim Drehen des Bodens jedoch gleich bleiben, wird der Erdbalken nicht immer ganz zerrissen und die Lockerungs- und Krümelungswirkung läßt nach.
Der Pflug arbeitet bei größerer Arbeitstiefe in Bodenschichten mit völlig anderen Bodenlebewesen und Lebensvorgängen als in der Oberkrume. Beim Wenden der Bodenschichten wird das Bodenleben gestört. Das natürliche Gefüge muß sich anschließend erst wieder neu aufbauen. In der kurzen Zeit der Bodenruhe einer heutigen landwirtschaftlichen Kulturfolge kann sich der natürliche, gare Boden nicht wieder bis zur bearbeiteten Tiefe erholen. Die Hoffnung, durch tieferes Pflügen eine tiefere belebte Krume zu schaffen, erfüllt sich meistens nicht. Die verminderte Lockerungswirkung und die Zerstörung der natürlichen Bodenschichten bewirken, daß die Unterkrume sich zunehmend verdichtet und beim Pflügen nur noch hin- und hergedreht, jedoch nicht aufgebrochen und gelockert wird (Abb. 3).

Das hohe Maschinengewicht des Schleppers, das zum größten Teil auf der Pflugsohle abgestützt wird, führt zu Unterbodenverdichtungen, die durch Bodenbearbeitung kaum noch aufgelockert werden können. Die Bodenwendung beim Pflügen hat außerdem zur Folge, daß »ungarer«, nicht ausreichend krümeliger Boden aus der Tiefe an die Oberfläche geholt wird. Dieser Boden muß nun mit hohem Energie- und Geräteeinsatz zerkleinert und saatfertig gemacht werden. Damit ist zu erklären, warum trotz der Grundbodenbearbeitung mit dem Pflug immer öfter zapfwellengetriebene Geräte für die Saatbettbereitung eingesetzt werden müssen.

Trotz dieser Fehler in der Grundbodenbearbeitung konnte durch den höheren Einsatz an Mineraldünger und Pflanzenschutzmitteln erreicht werden, daß die Erträge weiterhin stiegen. Die Bodenverdichtung nahm allerdings ständig zu, während die Hauptdurchwurzelungstiefe abnahm.
Heute stehen wir vor der Situation, daß der Pflug von seinen drei ursprünglichen Aufgaben

- ❑ Grundbodenbearbeitung
- ❑ Schneiden und Mischen
- ❑ Saatbettbereitung und Krümeln

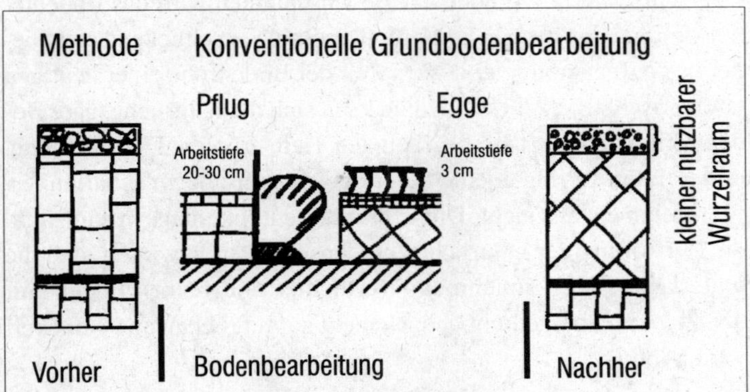

Abb 3. Der krumentief wendende Pflug lockert die Unterkrume kaum

nur noch eine erfüllen kann.
Lediglich das Durchschneiden des Bodens und Einmischen von Pflanzenresten wird mit dem konventionellen Pflug noch erreicht.

Minimalbodenbearbeitung als Lösung?

Im konventionellen Anbau kann die Beikrautregulierung mit der Entwicklung von Herbiziden wesentlich billiger und schneller als durch aufwendige Pflugarbeit erledigt werden. Es scheint vernünftig, auf die aufwendige Grundbodenbearbeitung mit dem Pflug ganz zu verzichten und den Boden nur noch flach zur Einbringung der Saat zu bearbeiten. Das sogenannte Direktsaatverfahren (Abb. 4) ritzt den Boden nur noch auf, um das Saatgut einzubringen. Dieses Verfahren gilt als »bodenschonend«, weil es das Bodenleben kaum noch stört.

Die fehlende Bodenlockerung begrenzt jedoch den Wurzeltiefgang der Kulturpflanzen und ergibt Probleme mit Wurzelunkräutern. Im konventionellen Anbau ist die Minimalbodenbearbeitung, insbesondere das Direktsaatverfahren, immer mit dem Einsatz von Herbiziden, meist mit Totalherbiziden, kombiniert und kommt für den ökologischen Anbau deshalb als alleiniges Bodenbearbeitungskonzept nicht in Frage.

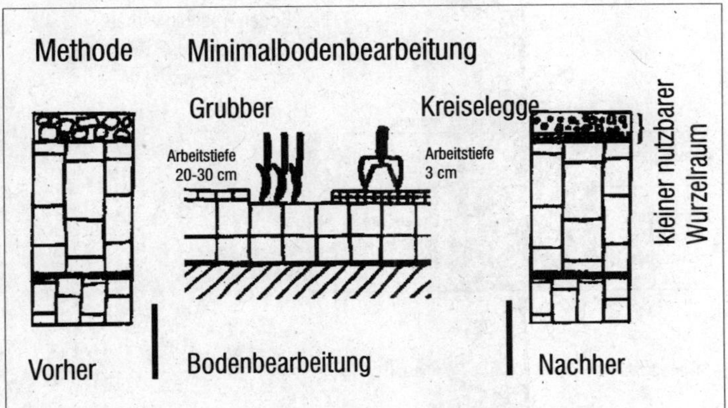

Abb 4. Minimalbodenbearbeitung kann die Unterkrume nicht lockern

Die Grundbodenbearbeitung – ökologisch betrachtet

Die Bedeutung des Bodenlebens

Die eigentliche Arbeit im Boden verrichtet nicht der Mensch, sondern die Pflanzen und die Bodentiere. Milliarden von Bodenorganismen leben in einer Handvoll Boden. Dieses Bodenleben ist verantwortlich für die Bereitstellung der Pflanzennährstoffe, den Abbau von Pflanzenresten, die Bildung einer stabilen Krümelstruktur zur Wasser- und Luftspeicherung, die Reinigung des Bodenwassers, das Abpuffern von Schadstoffen und vieles mehr (siehe Abb. 5).

Damit diese zahlreichen Aufgaben erfüllt werden können, muß das Bodenleben ständig mit Nähr- und Baustoffen versorgt werden. Diese Versorgung geschieht in Form organischer Substanzen, die von den Pflanzenwurzeln zur Verfügung gestellt werden müssen.

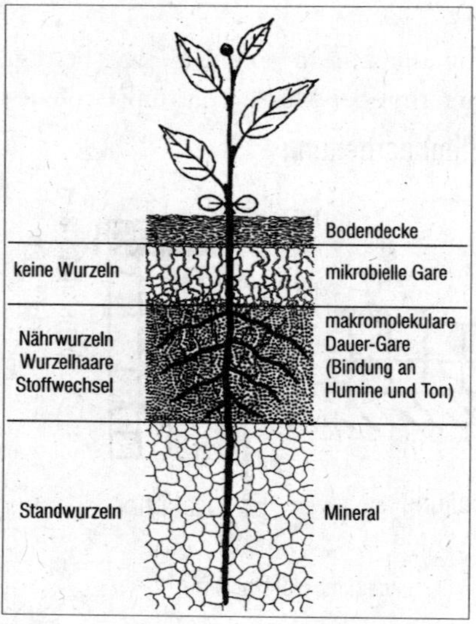

Abb. 5: Durch die Ausscheidungen der Pflanzenwurzeln wird Bodenleben ernährt, das den Boden lebendig verbaut (Zeichnung: H. P. Rusch)

Die laufende Ausscheidung von organischen Stoffen aus den Wurzeln und das Abstoßen von Wurzelteilchen ist der »Motor«, der das Leben im Boden am Laufen hält. Damit dieser Motor nicht stehen bleibt, müssen möglichst viele verschiedene, fein verteilte Pflanzenwurzeln im Boden vorhanden sein (Abb. 6).

Wenn man Erträge nicht durch mineralische Düngemittel erzielen darf oder möchte, muß man dafür sorgen, daß der Boden bis in möglichst tiefe Horizonte locker, krümelig und lebendig ist. Nur so kann das riesige Energie- und Nährstoffreservoir des Bodens in sichere Pflanzenerträge umgesetzt werden.
Bodenbearbeitung und Düngung haben sich den Erfordernissen eines intensiven Bodenlebens unterzuordnen bzw. ihnen anzupassen. Jede Bearbeitungsmaßnahme und jeder -zeitpunkt sind stets im Hinblick auf die Förderung des Bodenlebens zu wählen.
Da man nur zu leicht geneigt ist, die Bedeutung des Bodenlebens zu unterschätzen, sollen hier einige Zahlen die Leistung der Bodenlebewelt dokumentieren.

Das Lebendgewicht des Bodenlebens in einem Hektar beträgt 2.500 kg - das entspricht immerhin der Masse von fünf Großvieheinheiten, also etwa fünf Kühen!

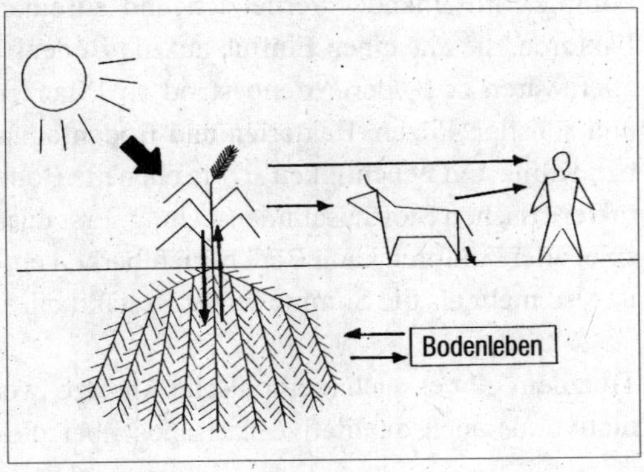

Abb. 6: Energiefluß im Ökosystem: Die Pflanzen bringen die Sonnenenergie als Wurzelmasse in den Boden

Diese Lebewesen produzieren im Jahr 1.000 kg Kohlendioxid, binden 25 kg Luftstickstoff allein durch die Tätigkeit freilebender Stickstoffbildner, fixieren weitere 100 - 250 kg Luftstickstoff durch die Knöllchenbakterien, mobilisieren 5 - 20 kg Phosphor, 30 - 50 kg Kali und 80 - 200 kg Stickstoff und bereiten 2.000 kg organische Substanz auf.

Methoden zur Feststellung des Bodenzustands

Chemische Bodenanalyse

Um es gleich vorwegzunehmen: Eine »objektive« Aussage über die Bodenfruchtbarkeit ist durch die chemische Laboranalyse nicht möglich.
Bei der Bodenanalyse kann lediglich bestimmt werden, welche und wieviele Nährsalze bei einem bestimmten (sauren) pH-Wert aus der Bodenprobe gelöst werden.
Diese Testmethode beschränkt sich also allein auf die stoffliche Zusammensetzung des Bodens. Ob die Pflanzen jene Nährstoffe überhaupt aufnehmen können, kann durch die chemische Bodenanalyse nicht ausgesagt werden. Auch Ratschläge für die Bodenbearbeitung kann sie nicht geben.
Das Ökosystem Boden ist gekennzeichnet durch eine Vielzahl von komplex miteinander vernetzten und aufeinander bezogenenen Faktoren, die alle einen Einfluß auf die Bodenfruchtbarkeit haben. Hier wären z. B. der Artenbestand an Pflanzen, an Mykorrhiza- und sonstige Pilzen, Bakterien und Bodenfauna zu nennen, daneben Klima und Feuchtigkeit sowie eben die Bodenart mit ihrer charakteristischen Stoffzusammensetzung. Erst durch das Zusammenspiel aller Faktoren kann Bodenfruchtbarkeit entstehen - der Boden ist also mehr als die Summe seiner Bestandteile.

Trotzdem gibt es auch methodische Ansätze, welche sowohl quantitative als auch qualitative Aussagen über die bodenbiologische

Aktivität erlauben, auch wenn sie nicht allen wissenschaftlichen Anforderungen genügen. Hier soll nur eine Methode vorgestellt werden, die von jedem Landwirt nach einiger Übung selbst durchgeführt werden kann. Nebenbei ist sie billiger als jede andere Bodenuntersuchungsmethode und erlaubt dem Landwirt, nicht nur den gegenwärtigen Zustand seiner Böden, sondern auch deren Entwicklung zu verfolgen.

Die Spatendiagnose

Vergleichbar mit der Getreidebeurteilung, bei der man von der Ährenzahl eines Quadratmeters auf das ganze Feld schließt, muß man bei der Bodenbeurteilung auf die kleinste mögliche Einheit zurückgehen. Dieser kleinste mögliche Ausschnitt ist ein Spaten voll Boden.

Johannes Görbing hat in den dreißiger Jahren die Spatendiagnose mit dem nach ihm benannten Görbing-Flachspaten entwickelt, mit der der Zustand der Bodenfruchtbarkeit nach folgenden Beurteilungskriterien umfassend festgestellt und beschrieben werden kann:

- ❑ Größe, Struktur und Verteilung der Bodenaggregate in der Krume
- ❑ Wurzelmenge, Wurzeltiefe
- ❑ Feinwurzel- und Knöllchenverteilung
- ❑ Feuchtigkeitsverteilung
- ❑ Menge, Verteilung und Verrottungsgrad von eingearbeiteter organischer Substanz.

Die Beurteilung dieser Kriterien ergibt in der Zusammenfassung ein sehr genaues Bild des aktuellen Bodenzustands. Vor allem wird durch die Verteilung von Krümelstruktur, Wurzeln und Feuchtigkeit sehr schnell deutlich, wo Horizonte im Boden vorkommen, die das Pflanzenwachstum behindern.

Diese ausführliche Methode der Görbing-Spatendiagnose (Abb. 7) sollten vor allem Berater beherrschen, um gemeinsam mit dem Betriebsleiter Bodenbearbeitungskonzepte für den jeweiligen Betrieb zu entwickeln und zu kontrollieren. Für den Praktiker genügt es meistens, mit dem normalen Spaten den Boden aufzugraben und die Tiefe der Krümelstruktur zu beurteilen.

Es ist ganz wichtig, zu erkennen, ab welcher Tiefe die Bodenaggregate anfangen, scharfkantig und glattflächig zu werden, weil in diesen Bodenbereichen die Bodenbelebung deutlich zurückgeht und dadurch die Wasser- und Luftspeicherung sowie der Nährstoffumsatz gehemmt werden.
Die Bodenbearbeitung hat dann dafür zu sorgen, daß diese dichten Bodenbereiche aufgelockert werden. Mit der anschließenden Ein-

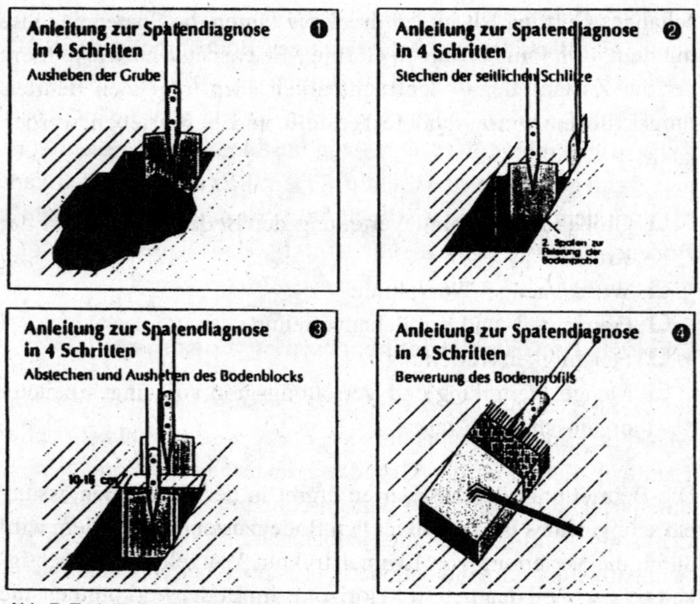

Abb. 7: Technik der Spatendiagnose

saat von Pflanzengemengen muß die Lockerung lebendig verbaut und Bodenleben aktiviert werden, was auch diese Bodenbereiche krümelig macht. Befindet sich der Boden im günstigsten Zustand, dann spricht man von Gare. Sichtbares Zeichen des garen Bodens ist die Krümelstruktur. Die Krümelstruktur läßt sich niemals mechanisch herstellen, sondern ist immer das Ergebnis aus der Tätigkeit eines vielfältigen Bodenlebens: Die stabile Verkittung der kleinsten selbständigen Bodenteilchen, der Bodenkolloide (Tonminerale, Humusteilchen). Böden in Krümelstruktur sind immer stark durchwurzelt.

Es ist also immer wieder die zentrale Frage bei der Bodenuntersuchung mit dem Spaten, wie tief die Krümelstruktur im Boden ausgebildet ist.
Mit einiger Übung sieht man sehr schnell den deutlichen Unterschied zwischen echter Krümelstruktur (s. S. 33, Abb. 9) und größeren, glattflächigen und scharfkantigen Bodenbrocken (s. S. 33, Abb. 10), die meist in der Unterkrume zwischen 15 und 30 cm vorkommen. Dies ist auch relativ unabhängig von der Bodenart. Zwar neigen tonige Böden eher zur Ausbildung dieser glattflächigen Aggregate (Polyederstruktur), aber auch in Sandböden kann man mit dem Spaten sehr schnell die Verwandlung dieser dichten Bodenstruktur in echte Krümelstruktur beobachten. Allerdings muß man sich Zeit nehmen und in den Boden schauen.

Ökologische Grundbodenbearbeitung als Konzept

Im ökologischen Landbau ist die sorgfältige Bodenbearbeitung wesentlich entscheidender für den Ertrag als im konventionellen Landbau. Fehler in der Grundbodenbearbeitung können nicht durch Mineraldünger oder Pflanzenschutzmittel ausgeglichen werden. Umgekehrt bedeutet dies jedoch auch, daß eine optimale Bodenbearbeitung im konventionellen Landbau helfen kann, mineralische Dünger und Pflanzenschutzmittel einzusparen.

Die ständige Verdichtung des Bodens ist eine normale Erscheinung bei jeder Art von Landbewirtschaftung, da die Reduzierung der Wurzelvielfalt in der Vegetation, die unvermeidbaren Zeiten unbegrünten, offenen Bodens und nicht zuletzt die Maschinengewichte immer zu Bodenverdichtungen führen. Wenn man nicht auf das Ertragsniveau früherer Jahrhunderte sinken möchte, kann deshalb auf eine regelmäßige Lockerung der Unterkrume (15 bis 30 cm Tiefe) nicht verzichtet werden.
Diese bedeutsame Aufgabe kommt der Grundbodenbearbeitung zu. Mit Hilfe der Technik dürfen wir aber nur jene Vorgänge und Prozesse feinfühlig unterstützen, welche in ihrem Wesen in der Natur bereits vorgegeben sind:

- ❑ Eine Bodenlockerung und -mischung, Schollenzerkleinerung und Durchlüftung, wie sie durch Bodentiere und Frosteinwirkung regelmäßig erfolgt.
- ❑ Eine selektive Pflanzenreduzierung, wie sie jährlich durch gegenseitige Konkurrenz und Witterungseinflüsse in der Natur stattfindet.

Unter diesen Vorgaben erscheint die heute praktizierte tief wendende Pflugarbeit als problematisch, weil es dafür in der Natur kein Vorbild gibt.

Aus der Kenntnis der dargestellten ökologischen Zusammenhänge ergeben sich verschiedene Maximen für die Bodenbearbeitung:

Schichterhaltende Bodenbearbeitung bevorzugen

Aus der Bodenbiologie ist bekannt, daß

- ❑ jede Bodenzone ihr spezielles Bodenleben hat,
- ❑ jedes Lebewesen spezifische Anforderungen hinsichtlich Sauerstoffversorgung, Feuchtigkeit, pH-Wert, Umgebungstemperatur und Nährstoffversorgung stellt,
- ❑ jede Bodenbearbeitungsmaßnahme einen massiven Eingriff in dieses komplexe Ökosystem darstellt.

Eine konsequente Berücksichtigung dieser Zusammenhänge erfordert eine schichtspezifische Bodenbearbeitung, bei der die natürliche Schichtung der Bodenlebewesen erhalten bleibt (Abb. 8). Keinesfalls darf unbelebter oder wenig aktiver Boden an die Oberfläche geholt werden. Sonst verschlämmt und verkrustet der Boden.

Der normale Pflug mit großer Schnittbreite und Arbeitstiefe scheidet daher für diese Arbeit aus!

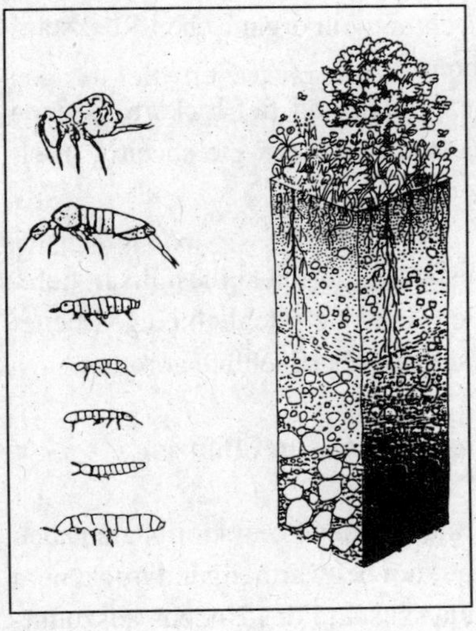

Abb. 8: Das Bodenleben ist geschichtet – z.B. leben an der Oberfläche ganz andere Arten von Collembolen (Springschwänze) als in der Tiefe

Deshalb sollte der Landwirt die Ackerkrume ab etwa 10 cm Tiefe mit nichtwendenden Bodenbearbeitungsgeräten auflockern. Es ist ein Verdienst von Ernst Weichel, mit der Einführung des Schichtengrubbers die schichtspezifische Bodenbearbeitung erstmals ermöglicht zu haben.

Flach wenden, tief lockern

In konsequenter Anwendung bodenbiologischer Anforderungen ergeben sich weitere Grundsätze:

- Wenn möglich, ist auf die wendende Bodenbearbeitung durch den Pflug zu verzichten.
- Muß jedoch wegen des gegebenen bzw. zu erwartenden Beikrautdrucks gepflügt werden, so sollte dies möglichst flach (10 - 15 cm) und so oft wie nötig, aber so selten wie möglich geschehen.
- Der Landwirt sollte die Bearbeitung der Ackerkrume ab etwa 10 cm Tiefe mit nichtwendenden Geräten durchführen. Lediglich die flache Bodenbearbeitung zur Saatbettbereitung, Beikrautregulierung und Einmischung von organischen Rückständen ist wendend durchzuführen.

Beide Arbeitsgänge, also flach wenden und tief lockern, können mit Zweischichtenpflügen oder Rotorgrubbern gleichzeitig in einem Arbeitsgang erledigt werden.

- Unverrottete organische Substanzen dürfen keinesfalls in tiefere Schichten gebracht, sondern nur oberflächlich eingearbeitet werden. Evtl. läßt man sie auch nur oberflächlich anrotten.

Keine Lockerung ohne sofortige Ansaat von Pflanzen

Die Bodenlockerung findet vor allem in den Sommermonaten nach der Getreide- und Futterernte statt, um bei warmem und trockenem Boden den optimalen Bearbeitungszustand des Bodens auszunut-

zen und anschließend die Möglichkeit zu haben, mit schnell wachsenden Zwischenfrucht-, Brache- oder Futtergemengewurzeln die Bodenlockerung lebendig zu verbauen.
Neben der Stabilisierung der »Schwammstruktur« des Bodens dienen die Pflanzen zur Ernährung des Bodenlebens und schützen den Oberboden vor schädlichen Witterungseinflüssen, wie Hitze und UV-Licht sowie Erosion durch Wind und Regen.

Regenwurmschonend arbeiten

Eine praktisch sehr häufig bestätigte Tatsache ist, daß auf den Fluren ökologisch wirtschaftender Landwirte mehr Regenwürmer leben als auf den danebenliegenden Parzellen.
Bekannt sind auch die erstaunlichen Leistungen unserer heimischen Regenwürmer als naturgemäße »Bodenbearbeiter«:
Innerhalb von ca. 35 Jahren wandert die gesamte Ackerkrume einmal durch einen Regenwurmdarm und verläßt ihn als stabile Krümelstruktur.
»Regenwurmerde« bringt die gesündesten und ertragreichsten Pflanzen hervor.
Wurmkot hat zwei- bis dreifach höhere Gehalte an pflanzenaufnehmbarem Kali und Phosphor, als unverarbeiteter Boden.
Je Hektar biologisch intakten Ackerlandes leben ca. eine Million Regenwürmer mit einem Gesamtgewicht von etwa 500 kg, die den Boden bis auf eine Tiefe von annähernd 2 m lockern, lüften, mischen und beleben.
Obwohl allerorten noch das »Hohelied« vom Regenwurm gesungen wird, ist er auf manchen Böden auf einem erschreckenden Rückzug. Was ist die Ursache?
Sind es der hohe Gerätedruck, der steigende Gülle- und Pestizideinsatz, die tödlichen Bearbeitungswerkzeuge? Eine alleinige Ursache ist nicht feststellbar - also ein Summeneffekt.
Aber auch die Bodenverpressungen, die durch die hohen Achslasten leistungsstarker Schlepper auftreten, führen bei feuchten Bö-

den zum Zerquetschen der Regenwürmer in ihren Röhren.
Eine regenwurmschonende Bodenbearbeitungs- und Produktionstechnik ist damit angemahnt:
Der Einsatz schnell rotierender schneidender Werkzeuge ist auf das unumgänglich nötige Mindestmaß zu reduzieren.
Ein Geräteeinsatz auf feuchten Äckern ist auch deshalb zu vermeiden, weil dann der Regenwurm sehr oberflächennah lebt und somit besonders gefährdet ist.
Die Nahrungsgrundlage für den Regenwurm sollte ganzjährig durch Grünmasse, organische Düngung und vielseitige Fruchtfolgen sichergestellt werden.

Bodenfruchtbarkeit durch Fruchtfolge erhalten

In einem dicht durchwurzelten, lebendigen Boden entsteht eine Bodenstruktur, in der Nährstoffe gespeichert und verfügbar gehalten werden, Wasserverluste vermieden sowie Pflanzenreste und organischer Dünger optimal verarbeitet werden können.

Um dies zu erreichen, müssen vor allem

- ❑ Bodenbearbeitung
- ❑ Fruchtfolgegestaltung und
- ❑ organische Düngung

aufeinander abgestimmt sein.

Die Gestaltung der Fruchtfolgen muß deshalb so erfolgen, daß alle Maßnahmen fest eingeplant sind, die für den Aufbau einer stabilen Bodenstruktur notwendig sind.

Neben den Grundregeln der Fruchtfolgeplanung (höchstens 60 % Getreide, mindestens 20 % Leguminosen, abwechselnd Winterung/Sommerung usw.) ist vor allem dafür zu sorgen, daß die regelmäßig notwendige Grundbodenbearbeitung (nichtwendende Lockerung) in Kombination mit der Ansaat von vielfältigen, tiefwurzelnden Gemengen möglich ist. Beispiele unterschiedlicher

Abb. 9: Starke Verdichtung der Unterkrume – Krümelstruktur nur bis 5 cm

Abb. 10: Ober- und Unterkrume in Krümelstruktur – ideale Bodengare!

Grüngemenge siehe Tabelle 1.
Dies erfolgt am besten im Futterbau und im Zwischenfruchtbau.
Beim Zwischenfruchtbau ist die Wirkung am besten, wenn nach möglichst frühräumender Hauptfrucht eine spät zu säende Nachfrucht im nächsten Frühjahr folgt, so daß dazwischen zum Teil über ein halbes Jahr liegt, das dem Bodenaufbau mit einer winterharten Zwischenfrucht dienen kann.
Solche Nachfrüchte, vor denen immer ein Zwischenfruchtgemenge nach Bodenlockerung stehen sollte, sind z. B. Kartoffeln, Mais, Ackerfuttergemenge. Auch vor den anderen Sommerungen (Sommergetreide, Körnerleguminosen u. a.) sollte möglichst immer eine Zwischenfrucht angebaut werden, die dann allerdings meist aus einem abfrierenden Gemenge besteht.

Tabelle 2 gibt ein Beispiel einer Fruchtfolge, bei der ein optimaler Bodenaufbau möglich ist.

Die Ausbringung organischer Dünger erfolgt am besten bei trokkenem Boden in kleinen Gaben auf die wachsenden Gründüngungs- und Futterbestände oder als Kopfdüngung im Frühjahr.
Eine so aufgelockerte Fruchtfolge ermöglicht die immer wieder notwendige Lockerung von Unterkrumenverdichtungen und die lebendige Stabilisierung und Energieversorgung durch vielfältige Gemengewurzeln.
Erst der konsequente Einbau von bodenaufbauenden Maßnahmen in die Fruchtfolge (Lockerung, Stabilisierung durch Gemenge, Futterbau, Untersaaten) sichert die Gesamtstabilität des Systems und seine Erträge aus aktivem Boden.

Tabelle I
Optimaler Bodenaufbau - Beispiel: Grüngemenge
Saatgutmengen in kg/ ha

Zwischenfrucht zur Bodenverbesserung nach Lockerung (Meliorationsgemenge)	
winterhart	abfrierend
10 kg Winterwicke 15 kg Buchweizen 20 kg Platterbse 6 kg Inkarnatklee 4 kg Alexandrinerklee 0,5 kg Phacelia	20 kg Platterbse 15 kg Sommerwicke 15 kg Buchweizen 6 kg Alexandrinerklee 0,5 kg Phacelia
zusätzlich (für guten Futterertrag): 40 kg Ackerbohnen und 20 kg Futtererbsen	
	oder
5 kg Winterwicke 10 kg Inkarnatklee 60 kg Roggen 10 kg Buchweizen	10 kg Winterwicke 30 kg Wintererbse 5 kg Alexandrinerklee 5 kg Schwedenklee 10 kg Buchweizen
nach erstem oder zweitem Schnitt im Frühsommer evtl. nochmalige Lockerung, danach Sommergemenge:	
15 kg Platterbse 20 kg Sommerwicke 13 kg Persenerklee 5 kg einj. Weidelgras	20 kg Futtererbse 20 kg Sommerwicke 60 kg Hafer 10 kg Perserklee 5 kg einj. Weidelgras
Überjähriges Kleegras	**Rotationsbrache nach Lockerung**
5 kg Schwedenklee 5 kg Alexandrinerklee 5 kg Inkarnatklee 3 kg Weißklee 10 kg Wiesenschwingel 4 kg Lieschgras 1 kg Knaulgras 3 kg Welsches Weidelgras	10 kg Winterwicke 5 kg Inkarnatklee 3 Weißklee 5 kg Welsches Weidelgras 4 kg Luzerne

Tabelle 2 **Fruchtfolge für optimalen Bodenaufbau**		
1	**Winterroggen** (mit Untersaat)	Untersaat nach Roggenernte stehen lassen, im Spätwinter flach einarbeiten
2	**Hafer** (am besten im Gemenge mit Erbsen/ Gerste)	Nach der Ernte nichtwendende Lockerung
3	**Kleegras**	Mit Deckfrucht nach Ernte des Landsberger Gemenges und evtl. nochmaliger nichtwendender Lockerung
4	**Kleegras**	Entweder früher Umbruch (nichtwendende Lockerung) und Senf-Zwischenfrucht,oder später, flacher Umbruch
5	**Winterweizen** (evtl. mit Untersaat)	Nach der Ernte bei Bedarf nichtwendende Lockerung,abfrierende Zwischenfrucht (z. B. Sommerwicken, Perserklee, Senf, Phacelia u. ä.) flache Einarbeitung im Spätwinter
6	**Sommergerste**	Danach nichtwendende Lockerung, winterharte Zwischenfrucht (z. B. Meliorationsgemenge mit Winterwicke, Inkarnatklee, Alexandrinerklee, Erbsen, Phacelia, Buchweizen), später Umbruch (evtl. flache Pflugfurche) ausgangs Winter
7	**Kartoffeln**	Nach der Ernte flache Bearbeitung, Roggensaat

Geräte zur Grundbodenbearbeitung im ökologischen Landbau

Aus den vorangegangenen Überlegungen läßt sich folgern, daß weder herkömmliches Pflügen noch Minimalbodenbearbeitung ökologisch sinnvoll sind. Bei der Minimalbodenbearbeitung wird man kaum ohne den Einsatz von Agrochemikalien auskommen, während das Hauptproblem beim Pflügen in der tiefen, bodenlebenzerstörenden Wendung der Scholle liegt.
Gleichzeitig ist aber für Erträge ohne Handelsdünger eine regelmäßige Lockerung des Bodens in 15 - 30 cm Tiefe erforderlich.
Daraus ergibt sich konsequenterweise die nichtwendende Grundbodenbearbeitung mit der Faustregel: *flach wenden, tief lockern.*

Vorsicht:

Oft wird der Ersatz des Pfluges durch den konventionellen »Tiefengrubber« (Abb. 11) als Übergang zur nichtwendenden Bodenbearbeitung praktiziert.
Dies ist falsch und ergibt regelmäßig Probleme mit Beikrautdruck:
Der Schälgrubber mit Doppel-Herzschar ist nicht für die Unterkrumenlockerung geeignet! (...auch wenn er manchmal »Tiefengrubber« genannt wird!) Betrachtet man die Form seiner Schare, so kann man sich leicht vorstellen: Bei tiefer Arbeit preßt er den Boden, anstatt ihn zu lockern (Abb12); er ist ein Gerät für die flache Schälarbeit bis 8 cm Tiefe!

Abb. 11: Kein Gerät zur Unterkrumenlockerung!

Abb. 12: Bodenpressung mit Doppel-Herzschar

Als Geräte für die nichtwendende Grundbodenbearbeitung kommen in Frage:

Wühlpflug

Man nimmt von einem herkömmlichen Pflug die Streichbleche ab, die die unerwünschte Wendung des Bodens bewirken und »wühlt« in der gewünschten Tiefe mit dem Pflugschar die Unterkrume durch, was eine hervorragende Lockerungswirkung ergibt: Der Wühlpflug ist entstanden (Abb. 13). Er lockert mit dem idealen Anstellwinkel des Pflugschares die Verdichtungen der Unterkrume optimal auf, ohne die Bodenschichten zu vermischen und »ungaren« Boden nach oben zu holen. So kann sich jeder Landwirt mit geringsten Kosten aus einem alten Pflug ein ideales Gerät zur Bodenlockerung selbst herstellen.

Abb. 13: Pflug ohne Streichblech – das ideale Lockerungswerkzeug

Schichtengrubber, Rotorgrubber

In serienmäßige Technik mit größerer Flächenleistung hat diese Idee Ernst Weichel umgesetzt: Mit dem Schichtengrubber (Abb. 14) steht ein Gerät zur Verfügung, das mit optimal angestellten Flügelscharen eine effektive Lockerung der Unterkrume bewirkt.

Gleichzeitig kann man den Schichtengrubber auch als das am »ökologischsten« arbeitende Gerät bezeichnen, denn - wie sein Name schon sagt - bleiben bei der Lockerung die natürlichen Bodenschichten erhalten. Der Eingriff des Menschen ahmt praktisch nur nach, was in der Natur z. B. durch die Tätigkeit der Regenwürmer geschieht.
Da der Schichtengrubber ausschließlich Lockerungsfunktion hat, müssen die anderen Aufgaben (Abschneiden und Einmischen von

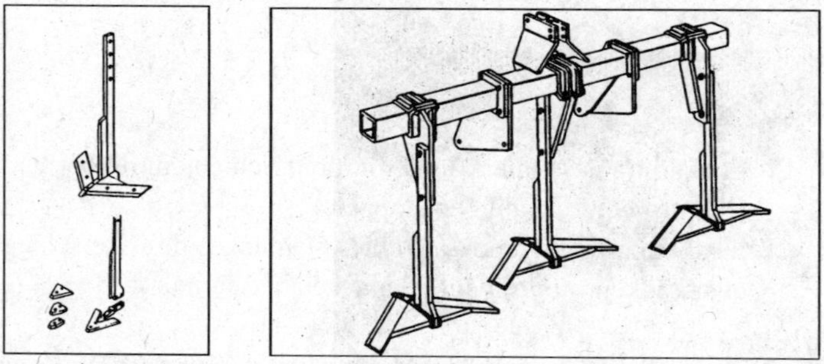

Abb. 14: WEICHEL-Schichtengrubber zur Unterkrumenlockerung mit Flügel- oder Blattscharen, jetzt Fa. KRESS

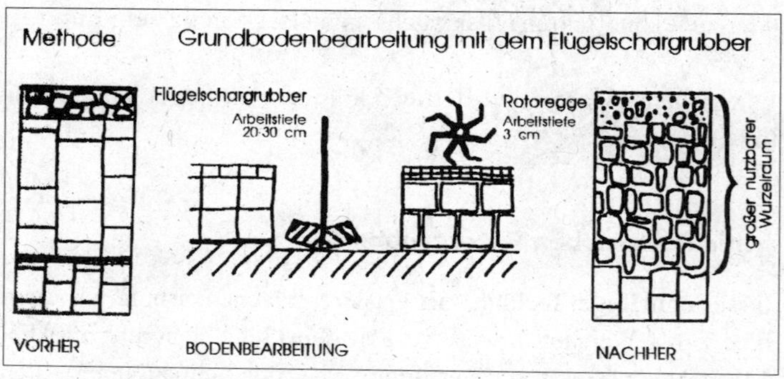

Abb. 15: Nichtwendende Lockerung der Unterkrume mit Schichten- oder Rotorgrubber

organischen Resten, Saatbettvorbereitung) durch zusätzliche Geräte erledigt werden, die zumeist zapfwellengetrieben sind (Abb. 15).

Theoretisch wäre eine Kombination des Schichtengrubbers mit gezogenen - und damit bodenschonenderen - Geräten ebenfalls denkbar, die praktische Durchführung gestaltet sich aber meist schwierig: Gezogene Geräte sind in der Regel. länger als zapfwellengetriebene, und so reicht oft die Hebeleistung des Schleppers nicht aus, um die gesamte Gerätekombination sicher auszuheben, ganz zu schweigen von der Wendigkeit am Ackerende.

Ein typisches Verfahren könnte also sein:

- ❑ Lockerung der Unterkrume mit dem Schichtengrubber nach Hauptfruchternte auf der Stoppel,
- ❑ Saatbettbereitung und Saat eines Gemenges mit Kreiselegge oder Zinkenrotor mit aufgebauter Sämaschine.

Der Weichel-Schichtengrubber, der jetzt von der Firma KRESS gebaut wird, kann mit Flügelscharen unterschiedlicher Breite ausgerüstet werden, so daß ein ganzflächiges Durchschneiden möglich ist. Die schmaleren Blattschare kommen für die tiefere Lockerung oder zum Unterfahren einer wachsenden Begrünung zum Einsatz.

Für größere Flächen und Betriebe kommen auch Gerätekombinationen in Frage:
Sogenannte Rotorgrubber (Abb. 16), die mit Flügelscharen tief lockern, mit Rotorgeräten flach bearbeiten und mit aufgesattelter Sämaschine gleichzeitig säen.

Bei der Einstellung des Schichtengrubbers ist zu beachten, daß die Flügelschare einen genügend hohen Anstellwinkel zur Fahrtrichtung haben: Ist dieser Winkel zu flach, so ist zwar der Zugkraftbedarf geringer, aber die Lockerungswirkung ebenso. Meist neigen

zu flache Schare dazu, den Boden nur durchzuschneiden, ohne ihn aufzulockern. Oft entstehen dabei sogar sogenannte Schmierhorizonte (Abb. 17), die von Pflanzenwurzeln und Wasser schlecht durchdrungen werden können.
Es ist also besonders wichtig, beim Einsatz mit diesen Geräten immer wieder mit dem Spaten zu kontrollieren, wie das Werkzeug im Boden arbeitet. Manchmal kann man durch Verkürzen des Oberlenkers den Anstellwinkel so weit erhöhen, daß eine genügend gute Lockerung erfolgt.

Grundsätzlich müssen Schichten- und Rotorgrubber auf Stützrädern oder Nachlaufgeräten geführt werden, damit sich die Geräte

Abb. 16: Rotorgrubber: Unterkrumenlockerung, Oberbodenbearbeitung und Saat in einem Arbeitsgang

nicht auf den Werkzeuge abstützen und Sohlen im Boden bilden.
Somit kann ein Ackerbausystem entstehen, bei dem konsequent auf den Pflug verzichtet wird. Allerdings verlangt dieses System einen aufmerksamen Bewirtschafter, da der Beikrautdruck höher sein kann als bei wendender Bodenbearbeitung.

Abb. 17: Schmierhorizonte durch falsch eingestellten Rotorgrubber - Oberlenker zu lang

Zweischichtenpflug

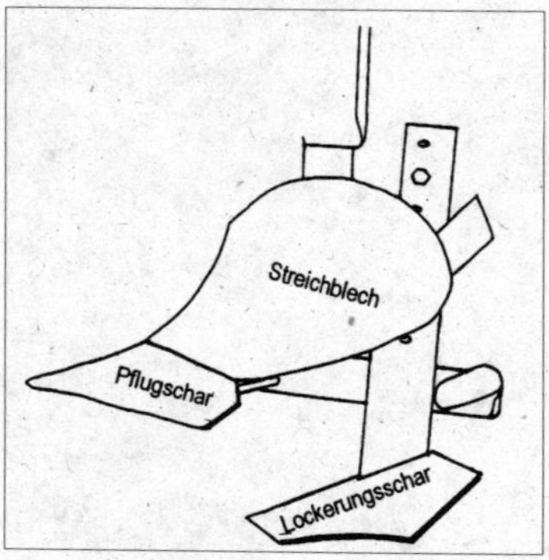

Abb. 18a: Bau des Zweischichtenpfluges (siehe auch Titelbild)

Es drängt sich die Frage auf, wie auch im modernen Ackerbau der Pflug umweltschonend wieder als Universalgerät so eingesetzt werden kann, daß er seine Hauptaufgaben

- Beikrautunterdrückung durch flache Einmischung
- Bodenlockerung
- Krümelung, Saatbettvorbereitung

wieder erfüllt.

Aus der Tatsache heraus, daß der Pflug diese Aufgaben vor dem Schleppereinsatz bis in Arbeitstiefen von maximal 15 cm optimal erfüllen konnte, läßt sich erkennen, daß ein Pflugkörper benötigt wird, der im flachen Arbeitstiefebereich optimal arbeitet. Um eine ideale Krümelung und eine exakte flache Wendung zu erreichen, darf der Pflugkörper die Schnittbreite von 30 cm nicht übersteigen.

Wenn gleichzeitig eine tiefe Lockerung erreicht werden soll, muß der schmale Pflugkörper mit einem Untergrund-Lockerungsschar versehen werden. Dieses Lockerungsschar, das dem Pflugschar in Form und Anstellwinkel ähnlich ist, soll den Boden in der Tiefe auflockern, ohne ihn nach oben zu befördern. Diese zwei Aufgaben können durch den Zweischichtenpflug in einem Arbeitsgang erledigt werden (Abb. 18b).

Die Idee zum Zweischichtenpflug stammt aus den dreißiger Jahren (Abb. 19). Durch die rasante Entwicklung der Agrochemie wurden die Erkenntnisse völlig zu Unrecht viel zu lange nur gering beachtet. Für ökologisch arbeitende Landwirte, die auf Pestizide und künstliche Düngemittel verzichten wollen, ist es aber sinnvoll, die Idee des Zweischichtenpfluges wieder aufzugreifen um den Pflug wieder besser in den Ackerbau zu integrieren.

Als Universalgerät für Grundbodenbearbeitung, Beikrautregulie-

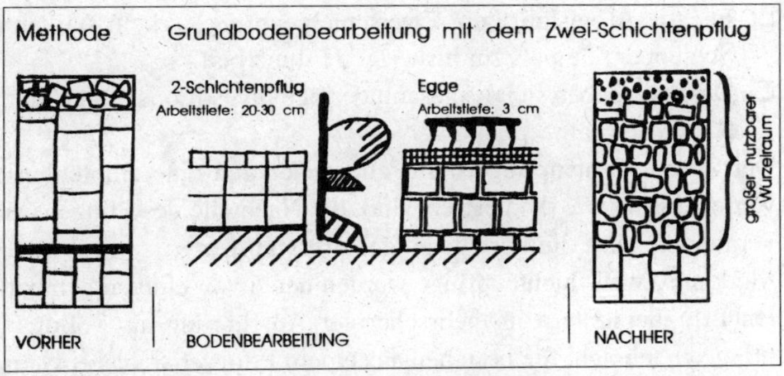

Abb. 18b: Grundbodenbearbeitung mit dem Zweischichtenpflug - flach wenden, tief lockern in einem Arbeitsgang

Abb. 19: Zweischichtenpflug für Pferdezug

rung und Saatbettvorbereitung hätte der Zweischichtenpflug folgende Vorteile:

- Die Pflugarbeit ist eine »gewohnte« Arbeit für den Landwirt. Nichtwendende Bodenbearbeitung stößt oft auf Skepsis.
- Die flache Nachbearbeitung zur Saatbettbereitung kann mit vorhandenen gezogenen Geräten ausgeführt werden, die weniger Energie verbrauchen und bodenschonender arbeiten.
- Im Sommer zur Grundbodenbearbeitung vor der Zwischenfrucht wird der Pflug mit Untergrundlockerern eingesetzt. Im Herbst und im Frühjahr kann das gleiche Gerät ohne Untergrundlockerer für eine flache Saatfurche verwendet werden.
- Für die Arbeit mit dem Zweischichtenpflug ist kein stärkerer Schlepper nötig als zur bisherigen Pflugarbeit.
- Daraus ergeben sich insgesamt geringe Investitions- und Unterhaltskosten.

Der Zweischichtenpflug ist für alle diejenigen eine empfehlenswerte Alternative, die bestrebt sind, die Nachteile des Pflügens zu vermeiden, ohne die Vorteile aufgeben zu müssen.

Moderne Zweischichtenpflüge werden heute von einigen namhaften Pflugherstellern in mehrschariger Ausführung als Volldrehpflüge angeboten. Sie bestehen aus einem Pflugschar, das etwa im Bereich von 12 - 20 cm sauber arbeitet und einem in der Tiefe verstellbaren Lockerungsschar, welches den verbleibenden Krumenbereich bis zu einer Gesamttiefe von 28 - 32 cm lockern kann.

Die Gesamtbearbeitungstiefe im Vergleich zum herkömmlichen Pflügen beim Zweischichtenpflug wird meist nicht erhöht, deshalb erhöht sich der Zugkraftbedarf nicht!

Es wird insgesamt weniger Erde bewegt als beim herkömmlichen Pflügen, der Zugkraftbedarf wird gesenkt.

Das spart Treibstoff, und die Arbeit geht schneller. Auch der Schlupf vermindert sich, wodurch die Arbeit effektiver und strukturschonender abläuft. Die Landmaschinenschule Triesdorf hat in einer Untersuchung Pflug und Zweischichtenpflug verglichen (Tab. 3).

Tabelle 3
Vergleich Pflug – Zweischichtenpflug

Pflügen	zweischichtig, 10 cm	einschichtig, 25 cm
Effekt	10 cm wenden 15 cm lockern	25 cm wenden
bewegte Erde (t/ha)	3 733	4 403
Dieselverbrauch (l/ha)	20,4	26,2
Schlupf (%)	4,7	10,5
Arbeitszeit (min/ha)	130,5	145,7
Fahrgeschwindigkeit (km/h)	5,7	5,45
Quelle: Untersuchung der Landmaschinenschule Triesdorf		

Da eine möglichst ganzflächige, wirksame Lockerung der Unterkrume eine der wesentlichen Aufgaben ökologischer Wirtschaftsweise ist, kommen Pflüge mit Lockerungsdornen nicht in Frage. Die Dornen zeigen nur auf schweren Böden und in trockenem Zustand ausreichend Lockerungswirkung. Dennoch werden diese Werkzeuge oft wegen ihres geringeren Zugkraftbedarfs empfohlen. Dazu ist anzumerken, daß zur Lockerung von Verdichtungen (die ja auch mit hohem Kraftaufwand entstanden sind!) eben auch eine Mindest-Zugkraft nötig ist, wenn merklich Wirkung erzielt werden soll. Lockerungsdorne können jedoch meist nur Rillen im Boden ziehen und nicht ganzflächig lockern.

An Zweischichtenpflüge sind folgende wichtige Anforderungen zu stellen:

Möglichst flache exakte Wendung des Bodens und gleichzeitig möglichst wirksame Unterkrumenlockerung.

Eine weitere Forderung an den Zweischichtenpflug ist die Auflokkerung der Furchenradverdichtung. Nachdem das Schlepperrad über die Furche gefahren ist, soll ein Lockerungsschar diese Verdichtung wieder aufbrechen.
Die Lockerungsschare sind an schrägen Konsolen angebracht. Dadurch lockern die Schare unter dem jeweils vorauslaufenden Pflugkörper. Unter dem letzten Pflugkörper wird nicht gelockert, da in dieser Furche bei der nächsten Fahrt das Schlepperrad läuft. Eine Lockerung wäre aus diesem Grund nicht sinnvoll. Die Lockerung dieser Furche erfolgt erst bei der nächsten Überfahrt durch das Lockerungsschar am ersten Pflugkörper, das in die Schlepperspur hineinragt.
In **Praxistests** der Gesellschaft für Boden, Technik, Qualität (BTQ) e.V. wurden verschiedene Zweischichtenpflüge hinsichtlich ihrer Arbeitsweise getestet. Die Ergebnisse sind im **Anhang** veröffentlicht.

Spatenmaschine

Vor allem im Sonderkulturenbereich (Gemüse, Obst- und Weinbau) ist die Spatenmaschine eine interessante Alternative der Grundbodenbearbeitung, da dieses Gerät ein beetweises Arbeiten erlaubt. Schichterhaltend arbeiten allerdings nicht diejenigen, deren Spaten auf einer horizontal rotierenden Welle sitzen (Fräsprinzip), sondern nur die Spatenmaschinen mit Kurbelwellenprinzip (Abb. 20). Die Spaten auf einer Kurbelwelle stechen Bodenbrocken bis zu einer Tiefe von ca. 35 cm ab und zerkleinern sie durch das Schleudern gegen ein Prallblech. Durch Umdrehungs- und Vorfahrtgeschwindigkeit kann die Bissengröße und somit der Zerkleinerungsgrad eingestellt werden. Die Spatenmaschine kann so z. B. Pflughorizonte aufstechen. Die geringe Flächenleistung und hohen Verschleißkosten begrenzen allerdings ihren Einsatz im Ackerbau.

Abb. 20: Spatenmaschine

Abbruchlockerer (MM 50/MM 100)

Der Abbruchlockerer der Firma OWR ist ein zapfwellengetriebenes Gerät zur tiefen Grundbodenbearbeitung, das mit langen gebogenen Lockerungsschwertern ausgerüstet ist, die nach dem Kurbelwellenprinzip in einer elliptischen Bewegung in den Boden eingestochen werden (Abb. 21). Dabei wird der Boden bis in eine Tiefe von 60-70 cm abgebrochen und nach hinten versetzt. Durch unterschiedliche Drehzahl, Fahrtgeschwindigkeit und variable Aufhängung der Anlenkpunkte kann die Arbeitsintensität stark variiert werden.

Das Gerät kann in den Fällen, wo eine tiefere Bearbeitung als 30 cm notwendig ist, sehr effektiv eingesetzt werden. Dies ist interessant für die Vorbereitung von Jungfeldern im Wein- und Ostbau, aber auch im Ackerbau, wenn starke Unterbodenverdichtungen vorliegen, die zum Beispiel zu starkem Distelwachstum führen. Für die Bearbeitung der Zwischenzeilen in den Dauerkulturen eig-

Abb. 21: Abbruchlockerer MM50

net sich das schmale Gerät MM 50 (ca. 1,5 m Arbeitsbreite), für offene Flächen das ca. 3 m breite Gerät MM 100.

Durch die Einstellung eines senkrechten Einstechwinkels und langsamer Drehzahl kann auch in einer wachsenden Begrünung nachgelockert werden, ohne den Pflanzenbestand zu zerstören.

Der Abbruchlockerer ist damit ein Gerät für Spezialfälle, in denen sich die relativ hohen Maschinenkosten zur Behebung von tiefen Verdichtungen lohnen.

Fazit

Heutige Ertragserwartungen zwingen uns dazu - wenn wir auf den Einsatz von Chemie verzichten wollen - regelmäßig auftretende Verdichtungen der Unterkrume in ca. 15 - 30 cm immer wieder aufzulockern (Grundbodenbearbeitung). Diese Arbeit muß aber ohne Zerstörung der Bodenschichten, also nichtwendend, möglichst alle zwei bis vier Jahre in Verbindung mit Gemengeansaat (Futterbau, Zwischenfrucht oder Rotationsbrache) geschehen.

II. Oberbodenbearbeitung

Während es die Hauptaufgabe der Grundbodenbearbeitung ist, zusammen mit der Arbeit der Pflanzenwurzeln für eine belebte, krümelige Bodenstruktur zu sorgen, müssen mit der Oberbodenbearbeitung die Bedingungen für die Aussaat und das Keimen der Pflanzen optimiert werden.

Die flache Bodenbearbeitung bis in Tiefen von max. 15 cm ist notwendig

- im Sommer, als Ergänzung nach der tiefen, nichtwendenden Lockerung zur Saatbettbereitung für die Zwischenfrucht- und Gemengeansaat
- im Frühjahr oder Herbst als alleinige Bodenvorbereitung vor der Hauptfruchtansaat.

Die flache Bodenbearbeitung kann oder soll sogar teilweise wendend/mischend erfolgen, um organische Reste flach einzuarbeiten, Beikraut zu unterdrücken und ein krümeliges Saatbett herzustellen.

Ziel der Arbeit im Oberboden ist es, eine Bodenstruktur zu erreichen, in die Pflanzen leicht eingesät werden können, in der sie bei genügendem Bodenschluß gut keimen und schnell tiefe Wurzeln bilden können. Gleichzeitig muß der nach der Bearbeitung offene Boden stabil gegen Verschlämmung und Erosion sein.

Diese Aufgaben kann kein Gerät alleine erfüllen, sondern es muß wieder zusammen mit der richtigen Fruchtfolgegestaltung das Bodenleben so gefördert werden, daß eine Bodengare entsteht, die aus

lebendig verbauten, stabilen Aggregaten zusammengesetzt ist.
Um diese Oberflächengare zu schonen und zu erhalten, muß die Oberbodenbearbeitung mit möglichst geringem direkten Werkzeugeingriff geschehen. Das heißt, daß gezogene Geräte immer den Zapfwellengeräten vorzuziehen sind, da sie den Boden viel weniger in willkürliche Teile zerschlagen, sondern die Bodenteilchen an natürlichen Rißlinien zerkrümelt werden.

Grundsätzlich gilt dies für jede Bodenbearbeitung: Die Arbeit mit dem Werkzeug soll Beschleunigungskräfte so in den Boden einleiten, daß die natürlichen Rißlinien des Bodens aufbrechen - deshalb muß der Boden trocken und die direkte Werkzeugeinwirkung möglichst gering sein, so daß keine Schmier-, Schneid- und Stechhorizonte im Boden entstehen.

Wann immer es möglich ist, sollten bei der Oberbodenbearbeitung Spurlockerer eingesetzt werden (Abb. 22).

Abb. 22: Spurlockerer

Gezogene Geräte zur Oberbodenbearbeitung

Schälpflug, Stoppelhobel

Früher war er verbreitet, heute ist er leider kaum noch erhältlich. Der Schälpflug (Abb. 23) entspricht prinzipiell einem Zweischichtenpflug ohne Untergrundlockerer. Die schmalen Schnittbreiten ermöglichen ein exaktes und flaches Wenden. Mit einem Schälpflug kann durchaus eine flache Saatfurche für die Hautfruchtansaat gemacht werden, nachdem vorher mit Zwischenfruchtbau nach entsprechender Lockerung ein tief krümeliges Bodenprofil vorbereitet wurde.

Ein Schälpflug, der sich besonders auf schweren Böden bewährt, ist der Stoppelhobel (Abb. 24). Auf diesen Böden ist er in der Arbeitsqualität den Grubbern meist überlegen.

Abb. 23: Schälpflug zur flachen Oberbodenbearbeitung

Abb. 24: Stoppelhobel

Schwergrubber

Der Schwergrubber ist ein Gerät zur flachen Stoppelbearbeitung, zum oberflächennahen Einmulchen von organischem Dünger und zum Umbruch von abgemulchten Pflanzenbeständen.
Schwer- oder Schälgrubber sind meist mit Doppelherz- oder Gänsefußscharen ausgerüstet, manchmal auch mit Flügelscharen, die an Doppelherzscharen seitlich angeschraubt werden (Abb. 25).

Gemeinsam ist all diesen Werkzeugen, daß sie eine gebogene Scharbrust haben, an der der Boden aufsteigt und gestürzt, also gewendet wird. Dies ist für die Stoppelbearbeitung (Schälarbeit!) wichtig, um Ausfallgetreide und Beikrautsamen mit dem Boden zu vermischen und für die nächste Bearbeitung auflaufen zu lassen. Schwergrubber sind also typische Geräte für die flache (!) Oberbodenbearbeitung bis maximal 10 cm Tiefe, auch wenn sie manchmal verwirrenderweise »Tiefgrubber« genannt werden!

Abb. 25: Stoppelgrubber mit Doppelherz- und Flügelscharen

Schwergrubber können, flach eingesetzt, relativ schnell gefahren werden und haben eine große Flächenleistung - deshalb ist der Schälpflug als Stoppelbearbeitungsgerät heute meist durch den Grubber ersetzt worden.

Vorsicht:

Der Schwergrubber ist kein Pflugersatz im Sinne der lockernden Grundbodenbearbeitung! Wenn bisher tiefes Pflügen (25 bis 30 cm) ersetzt wird durch (zu) »tiefes« Grubbern (15-20 cm), wird einerseits der Boden durch die gebogenen Schare gepreßt, anstatt gelockert und andererseits dennoch nicht so tief bearbeitet wie vorher mit dem Pflug - Unterkrumenverdichtungen mit entsprechendem Beikrautdruck sind die Folge!
Der Pflug als Grundbodenbearbeitungsgerät kann also nur durch den echten Schichtengrubber oder den Zweischichtenpflug ersetzt werden!

Feingrubber, Eggen, Saatbettkombinationen

Im Prinzip sind alle Varianten von Eggen, also gezogenen Oberbodenbearbeitungsgeräten mit starren oder gefederten Zinken unterschiedlichster Dicke und Form für die Saatbettbereitung bei ökologischer Bodenbewirtschaftung geeignet. Vor allem nach dem Einsatz des Zweischichtenpfluges, der die Oberkrume flach wendet, können gezogene Geräte zur Oberbodenbearbeitung und Saatbettbereitung verwendet werden (Abb. 26). Die landtechnische Industrie bietet hier eine Vielzahl von Varianten und Kombinationen an, die auf die entsprechenden Betriebs- und Standorterfordernisse angepaßt werden können. Grundsätzlich arbeiten gezogene Eggenkombinationen relativ bodenschonend, da die Zinken nicht aggressiv in den Boden eingreifen und durch große Arbeitsbreiten wenig Fahrspuren pro Fläche notwendig sind.

Abb. 26: Saatbettkombinationen mit Eggen - bewährte flache Bodenbearbeitung nach der Pflugfurche

Scheibenegge, Spatenrollegge

Scheibeneggen (Abb. 27) mit einem Scheibendurchmesser ab 60 cm sind als Schälpflugersatz zur Stoppelbearbeitung und zum ganzflächig schneidenden Umbruch von Pflanzenbeständen gut geeignet.

Abb. 27: Scheibenegge, hier mit Simplex-Prismenwalze zur Saatbettbereitung

Die Spatenrollegge (eigentlich eine Scheibenegge mit sehr tief eingeschnittenen Scheiben) ist ebenfalls ein sehr interessantes gezogenes Gerät zur Oberbodenbearbeitung, da sie den Boden sehr intensiv bearbeitet und in manchen Fällen sogar auf nicht gewendeten Böden ein Zapfwellengerät überflüssig macht (Abb. 28).

Abb. 28: Spatenrollegge zur Stoppelbearbeitung. Auf schweren Böden meist in zwei Arbeitsgängen

Zapfwellengeräte zur Oberbodenbearbeitung

Manchmal ist allerdings der Einsatz von Zapfwellengeräten zur Oberbodenbearbeitung notwendig (z. B. in Gerätekombinationen). Dabei ist auf folgendes zu achten:

Die Geräte müssen immer auf Stützrädern oder Nachläufern geführt sein, damit sie sich nicht auf den Werkzeugen abstützen und eine Sohle im Boden bilden. Besonders gefährlich ist dies bei der Fräse mit Winkelmessern.

Die Kombination mit der nichtwendenden Lockerung macht diese Geräte jedoch bodenschonender: Der Boden wird durch die vorne laufenden Lockerungsschare angehoben, so daß die nachfolgenden rotierenden Werkzeuge den Boden »in der Luft« treffen und die Bodenaggregate so besser ausweichen können und eher in ihren natürlichen Rißlinien aufbrechen. Bei direkter Bearbeitung des Bodens mit Zapfwellengeräten ohne Vorlockerer treffen die rotierenden Zinken oder Messer auf den festen Bodenblock und zerschneiden oder zerschlagen ihn wesentlich aggressiver.

Durch eine zusätzliche Verringerung der Drehzahl und/oder Erhöhung der Fahrgeschwindigkeit können auch Zapfwellengeräte für eine schonende Oberbodenbearbeitung eingesetzt werden.

In Frage kommen hierfür (in der Reihenfolge abnehmender Bodenschonung): **Rüttelegge** (Abb. 29), **Kreiselegge** (Abb. 30), **Zinkenrotor** (Abb. 31) und **Fräse** (Abb. 32).

Abb. 29: Rüttelegge: Bodenschonendes Zapfwellengerät zur Oberbodenbearbeitung, durch kurze Baulänge gut in Gerätekombinationen einsetzbar

Abb. 30: Kreiselegge: Universalgerät zur Oberbodenbearbeitung in Gerätekombinationen

Abb. 31: Zinkenrotoren bewirken einen guten Mulcheffekt

Abb. 32:
Fräsen mit Winkelmessern sind am besten mit Vorgrubbern zu kombinieren, so daß die Fräsmesser auf den gelockerten Boden treffen und keine »Fräshorizonte« erzeugen

III. Spezialverfahren der ökologischen Bodenbearbeitung

Kemink-System

Kennzeichnend für das WEICHEL-System ist die Berücksichtigung des milieuorientierten Bodenlebens durch eine schichtspezifische Bodenbearbeitung. Dieses Prinzip wird durch das zusätzlich noch bodentemperaturorientierte KEMINK-System ergänzt. Der vor einigen Jahren verstorbene Landwirtschaftsmeister Hans KEMINK hat es in jahrelanger Erprobungsarbeit in der Praxis entwikkelt, so daß gegenwärtig ca. 50 »handverlesene« Betreuungsbetriebe - vorwiegend in Süddeutschland, Österreich und der Schweiz - nach den Prinzipien von Hans Kemink ihre Bodenbearbeitung und Beikrautbekämpfung durchführen. Es soll hier stichpunktartig dargestellt werden, weil aus ihm wertvolle Details für eine ökologisch orientierte Bodenbearbeitung abgeleitet werden können.

Das »KEMINK-EXACT-System« ist ein Verfahren der nichtwendenden Bodenbearbeitung mit lediglich einem grubberähnlichen Grundrahmen, in den sehr individuell die verschiedensten Werkzeuge für die Bodenbearbeitung und Beikrautbekämpfung eingesetzt werden können (Abb. 33). Mit diesen Werkzeugen wird der Boden - in Abhängigkeit von der jeweiligen Bodentemperatur - flächig oder reihenweise gelockert bzw. anschließend zu Dämmen geformt.

Abb. 33: KEMINK-Gerät: Ein leichtes Vielfachgerät, mit dem die Häufelkultur des Hakenpfluges nachgeahmt wird

Charakteristisch für das KEMINK-System mit den z. T. sehr zahlreichen Arbeitsgängen ist:

Es wird nur so tief der Boden bearbeitet, wie nach der jeweils gegebenen Bodentemperatur das Bodenleben die eigentliche Bodenbearbeitung übernehmen kann.

Es wird streng nach dem Beetkultur-Prinzip gearbeitet. Dies geschieht, um bei den zahlreichen Arbeitsgängen die Bodenverdichtung eng zu begrenzen. Im Frühjahr werden dazu - der jeweiligen Schlepperspurbreite angepaßt - die Felder »gespurt«, so daß für alle weiteren Arbeitsgänge nur noch in diesen Spuren gefahren wird und somit nur dort schlepperbedingte Bodenverdichtungen entstehen können.

So oft wie möglich wird die Bodenoberfläche dammförmig aufgebaut, was mit der damit verbundenen Lockerung und Durchlüftung auch zu einer starken Oberflächenvergrößerung mit optimaler Erwärmung führt. Der Aufbau einer optimalen Bodengare wird auch noch dadurch gefördert, daß in den Dammkronen keine schädliche Durchnässung gegeben ist und somit die organische Substanz in diesen »Mini-Kompostmieten« optimal umgesetzt werden kann. Bei einer kritischen Beurteilung des KEMINK-Systems ergeben sich einzigartige Vorteile, aber auch ernstzunehmende Einschränkungen:

Vorteilhaft ist:

- ❑ der einfache Aufbau des mit 6-8 km/h gezogenen verschleißarmen stabilen Grundgerätes mit leicht auswechselbaren Einzelwerkzeugen (Striegel, Schleppschiene, diverse Lokkerungswerkzeuge, Dammformer, Häufler, Krümelwalze), welches nur einen Schlepper mit mittlerer Zugkraft erfordert,
- ❑ der reparaturfreundliche Grundaufbau, der kaum einen Werkstattbesuch erfordert.

Nachteilig ist, daß

- ❑ das System auf persönlicher Beratung durch Hans Kemink bzw. erfahrene Praktiker aufgebaut ist und es kaum schriftliche Information zum Thema gibt;
- ❑ die Bodenbearbeitung in Verbindung mit der mechanischen Beikrautbekämpfung eine größere Anzahl von termingebundenen Arbeitsgängen erfordert;
- ❑ durch die Häufigkeit der Bodenbewegung (Häufeln) keine Möglichkeit zur Aussaat von Gründüngungspflanzen besteht und deshalb mit - häufig zugekauftem - Mist oder Kompost das Bodenleben ernährt werden muß;
- ❑ die praktische Umsetzung einen hohen Beobachtungsaufwand, viel Erfahrung und ein großes Einfühlungsvermögen in die Bodenbiologie voraussetzt, denn nach KEMINK bearbeitet nur das Bodenleben selbst den Boden optimal.

»Nachtpflügen«

Obwohl das »Nachtpflügen« (Abb. 34) eigentlich ein Verfahren der biologischen Beikrautregulierung darstellt, soll es wegen der derzeit aktuellen Diskussion hier angesprochen werden und gleichzeitig den Übergang zum zweiten Teil dieser Schrift einleiten.

HARTMANN und NEZADAL konnten etwa 1990 nachweisen, daß unter günstigen Bedingungen die auflaufenden Unkräuter durch nachts vorgenommene Bodenbearbeitungsmaßnahmen bedeutsam reduziert werden können. Dies ist durch die Tatsache erklärbar, daß die meisten relevanten Beikrautsamen - im Gegensatz zu den meisten Samen unserer Kulturpflanzen - positiv photoblastisch (lichtreizbedürftig) und teilweise extrem lichtempfindllich sind. Praktisch bedeutet dies, daß sie zum Keimen einen minimalen Lichtimpuls von wenigen Millisekunden Dauer benötigen, der bei normalen Bodenbearbeitungsmaßnahmen unvermeidlich ist. Bei einer nächtlich durchgeführten Bodenbearbeitung sind diese Restlichtmengen jedoch so gering, daß keine Keimanregung mehr erwartet werden kann. Diese unschädlichen Restlichtmengen werden unter mitteleuropäischen Verhältnissen jeweils eine Stunde vor dem Sonnenaufgang bzw. nach dem Sonnenuntergang erreicht, wenn berücksichtigt wird, daß bereits die Vollmondhelligkeit und die Schleppernotbeleuchtung einen ausreichenden Keimreiz darstellen.
Wie bedeutsam diese Erkenntnis zukünftig in der Praxis sein wird,

Abb. 34: »Nachtpflügen«

hängt zum einen vom Stand der Technik ab: Vorstellbar wäre ein Arbeiten mit Nachtsichtgeräten, oder die Verwendung lichtdichter Ummantelungen für die Bodenbearbeitungsgeräte.

Andererseits stellt sich gerade hier die Frage, inwieweit nächtliches Arbeiten überhaupt für den Landwirt erstrebenswert ist und wie stark er bereit ist, seinen gewohnten Lebensrhythmus den »Sachzwängen« der Technik unterzuordnen.

IV. Mechanisierungskonzepte

Wenn es im ökologischen Landbau oberstes Ziel der Arbeit am Boden ist, die Bodenaktivität zu optimieren, dann müssen sich auch alle diskussionsfähigen Mechanisierungskonzepte diesem unterordnen. Damit ergeben sich aber auch andere Prioritäten als im konventionellen Landbau, in welchem die Gewinn-Maximierung Leitziel ist, so daß Wirtschaftlichkeit und Schlagkraft der Einzelmaßnahme vielfach Vorrang vor langfristigeren Bodenpflegestrategien haben. Der Aufbau von Mechanisierungskonzepten in der Bodenbearbeitung erfordert für den Öko-Landwirt deshalb eine ganzheitlichere Betrachtung und längerfristig angelegte Strategien. Diese schließen beispielsweise auch die Fruchtfolgeplanung und die unschädliche Befahrbarkeit der Feldstücke bei der organischen Düngung mit ein. Es würde den Rahmen dieser Arbeit sprengen, wollte man alle betriebsspezifischen Gesichtspunkte andiskutieren, welche im Rahmen einer diesbezüglichen speziellen Betriebsberatung anstehen. Hier soll nur auf einige grundsätzliche Fragestellungen eingegangen werden.

Mit oder ohne Pflug?

Dies ist eine der ersten grundsätzlichen Fragen. Will der Betriebsleiter künftig völlig auf einen Pflugeinsatz verzichten oder muß der Pflug weiterhin regelmäßig in der Grundbodenbearbeitung eingesetzt werden?

Einige Beratungsgesichtspunkte sollen zur Abklärung dieser Frage beitragen:

1. Je enger die Fruchtfolge im Betrieb und je beikrautwüchsiger der Standort, desto zweckmäßiger und risikomindernder ist es, den Pflug als festen Bestandteil in die Bodenbearbeitung einzuplanen.
2. Nichts spricht aber gegen einen Pflugverzicht, wo es seitens des Beikrautdrucks und der Einarbeitung der angefallenen organischen Masse keine Probleme gibt. So ist es bei entsprechender Bodengare und nach trockenen Ernten von Raps, Kartoffeln, Mais oder auch Zuckerrüben nicht unbedingt notwendig zu pflügen, wenn die Ernterückstände störungsfrei beseitigt werden können.

Also: Soviel Pflug, wie nötig, sowenig wie möglich!

Soll aber ein Pflug gekauft werden, dann ist ein Zweischichtenpflug zu bevorzugen.

Schwere oder leichte Mechanisierung?

Zu dieser Streitfrage hat ein siebenjähriger Praxisversuch an der Eidgenössischen Forschungsanstalt Tänikon einige Abklärungen gebracht. Im Rahmen einer Ackerbau-Fruchtfolge (leider ohne Akkerfutterbauglied) wurde mit zwei unterschiedlichen Mechanisierungskonzepten der Frage nachgegangen: Was ist für schweren Boden (toniger Lehm) bodenschonender: Eine leichtere Mechanisierungskette mit geringerer Arbeitsbreite und zwangsläufig mehr Überfahrten oder eine schwerere mit entsprechend größeren Arbeitsbreiten und weniger Überfahrten?
Die beiden Mechanisierungsverfahren standen im Gewichts- und Leistungsverhältnis von etwa 2:3 zueinander und waren insbesondere für die Bodenbearbeitung und Erntetechnik unterschiedlich. Der Versuch wurde durch die verschiedensten bodenphysikalischen und pflanzenbaulichen Messungen flankiert, so daß am Schluß eine umfangreiche Dokumentation über alle möglichen

Prozesse entstanden war.
Die Ergebnisse waren teilweise sehr überraschend:

1. Mit zunehmender Versuchsdauer zeigten die Pflanzenerträge auch zunehmend statistisch absicherbare Mehrerträge in der leichteren Mechanisierungs-Variante.
2. Die bodenphysikalischen Kenngrößen (Porenvolumenverteilung, Dichte, Aggregatstabilität) zeigten dagegen kein klares Bild, so daß die Versuchsansteller berechtigt fragen, ob wir mit unseren bekannten Meßgrößen in der Lage sind, den Boden, das Bodengefüge und die Bodenfruchtbarkeit zu beurteilen. Eher führt wohl letztendlich die Summe oder das Zusammenspiel diverser kleiner Veränderungen gemeinsam mit dem Faktor Zeit zu Bodenfruchtbarkeits- und somit zu Ertragsdifferenzen." Diese Feststellung dürfte allerdings auch für den umgekehrten Weg gelten: Daß die Summe kleiner negativer Veränderungen mit dem Faktor Zeit aber auch zur unaufhaltsamen Zerstörung von Bodenfruchtbarkeit führt!
3. Das schwere Mechanisierungsverfahren hinterläßt trotz größerer Arbeitsbreite im Oberboden mehr schädliche Bodendrücke als das leichtere mit seinen häufigeren Überfahrten.
4. Im Unterboden hinterläßt vor allem das Furchenrad beim Pflügen schädliche Bodendrücke. Wegen des hohen Fahrspurenanteils ist ernsthaft die Frage nach Alternativen zu stellen, wie sie z. B. auch der Zweischichtenpflug oder Pflüge, bei denen der Schlepper nicht mehr in der Furche fährt, bieten könnten. Erschwerend muß nämlich für die Unterbodenverdichtungen angemerkt werden, daß diese im Regelfall nicht mehr technisch, sondern nur noch über Pflanzenwurzeln oder andere natürliche Prozesse (z. B. Regenwürmer) im Verlaufe vieler Jahre aufgelöst werden können.

Teil B: Beikrautregulierung

Einleitung

Die heutigen Anforderungen an die Landwirtschaft sind enorm: So soll der Landwirt für die Erhaltung der Ressourcen Boden, Wasser und Luft und damit für die Lebensgrundlagen aller sorgen, soll gesunde Lebensmittel erzeugen und die landwirtschaftliche Kulturlandschaft erhalten, die den Menschen den Naturraum erfahrbar macht und ihnen eine Identifikation mit ihrer Heimat ermöglicht.

Die heute weitverbreitete industrielle Form der Landwirtschaft kann das nicht leisten: Seit der Nachkriegszeit zeichnet sich in der Landwirtschaft der Trend zur Industrialisierung und Rationalisierung (Arbeitskräfteeinsparung) ab.

Dabei gerieten althergebrachte und bewährte Geräte zur mechanischen Beikrautregulierung mehr und mehr in Vergessenheit und rosten vielfach auf den Betrieben vor sich hin. Ein überzogener Sauberkeitswahn auf dem Acker - von der Agrochemie häufig angeheizt - trieb viele Landwirte aus Angst vor den Beikräutern dazu an, unter enormem Kostenaufwand Herbizide zur »Unkrautvernichtung« einzusetzen. Die Folgen dieser Entwicklung sind gravierend.

Ständig überhäufen uns Meldungen über verseuchtes Trinkwasser, vergiftete Böden und Nahrungsmittel. Der Zusammenhang zwischen Pestiziden und der Entstehung von Krebs ist erwiesen.

Aus diesen Gründen ist es sehr erfreulich, daß sich immer mehr Landwirte für ökologische Anbauverfahren interessieren und die Umstellung ihres Betriebs planen. Häufig haben aber gerade diese umstellenden Bauern Bedenken hinsichtlich des »Unkrautbesatzes« ihrer Felder.

Wie funktioniert eine »Unkrautregulierung« ohne Chemie und wie wirkungsvoll ist sie? Diese Fragen soll der zweite Teil dieser Broschüre behandeln.

Der ökologische Landbau hat eine grundsätzlich andere Einstellung zur Begleitflora als der konventionelle:
Durch Betrachtung natürlicher Ökosysteme hat man erkannt, daß erst in bunter Vielfalt die Pflanzen in der Lage sind, sich gegenseitig in ihrem Gedeihen zu fördern. Es gibt in der Natur so gut wie keine monokulturartigen Pflanzenbestände. In diesem Bewußtsein sieht der ökologisch denkende Landwirt die Begleitflora seiner Kulturpflanzen nicht als **»Unkraut«**, sondern als natürliches, in Maßen nützliches **Beikraut** an. Es wäre daher unsinnig, nach einem »sauberen« Acker und reinen Kulturpflanzenbeständen zu trachten. Vielmehr wird man versuchen, die **Vorteile der Begleitflora auszunützen**, jedoch müssen die Beikrautbestände auch reguliert werden, wenn der Konkurrenzdruck auf die Kulturpflanzen zu hoch wird.

Das wichtigste Gerät dazu ist der Striegel - jeder ökologisch wirtschaftende Betrieb benötigt ihn, und deshalb sollen in dieser Schrift vor allem die wichtigsten Fragen zum Thema »Striegel« geklärt werden.

Der Striegel soll und kann allerdings die Herbizid-Spritze nicht ersetzen. Seine Aufgabe ist nicht die Beikrautvernichtung, sondern lediglich ihre Regulierung. Ein gestriegelter Acker soll und wird nie beikrautfrei sein!

I. Vom Nutzen der Beikräuter

Um ein nachhaltig stabiles Landbausystem aufzubauen, versucht man in der ökologischen Wirtschaftsweise eine lebendige Vielfalt von Pflanzen und Tieren im Betriebsorganismus aufzubauen. Aus der Studie natürlicher Ökosysteme ist bekannt, daß erst die komplex aufeinander bezogene Vielfalt an Lebewesen ein System stabil und produktiv werden läßt, und genau dies ist ja im Landbau unser Ziel. Daher sind Wild- und Beikrautflora auf den Feldern des Ökobauern durchaus erwünscht. Vielfach erfüllen sie nämlich wichtige Aufgaben.

Bodenschutz

Die Grundlage für jede Bodenfruchtbarkeit ist ein lebendiges Bodenleben. Diese Organismen durchziehen den Boden, krümeln ihn, bauen organisches Material um, so daß den Pflanzen wieder genug Nährstoffe zur Verfügung stehen, kurz: Sie sind die wichtigsten Helfer des Landwirts. Für ihre Tätigkeit unter der Erde brauchen diese Lebewesen aber Energie. Dieses »Futter« für das Bodenleben liefern die Pflanzenwurzeln durch Ausscheidungen, abgeschliffene Teilchen etc. (Abb. 35).
Je vielfältiger nun die Pflanzenwurzeln in einem Acker sind, um so unterschiedlichere Bodentiere können ernährt werden und um so vollständiger werden von ihnen alle Aufgaben ausgeführt, die zu einem fruchtbaren, »garen« Boden führen.

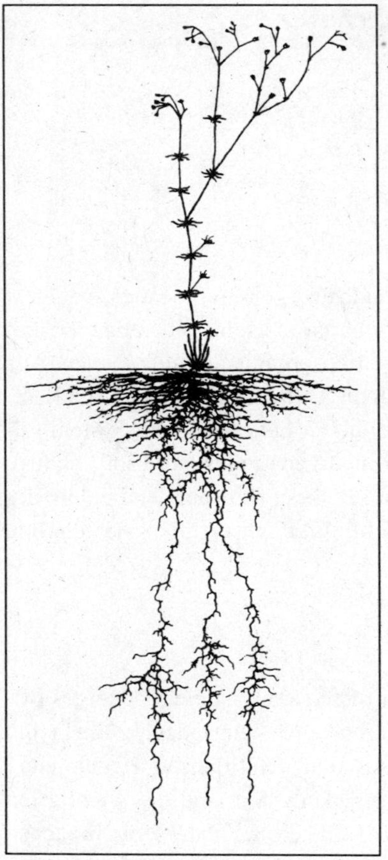

Abb. 35: Beikräuter erhöhen die Artenvielfalt auf und im Boden

Zusätzlich lockern Beikräuter mit ihren Wurzeln den Boden und sind z. T. sogar in der Lage, Stickstoff zu sammeln.

Vor dem Auflaufen der Kulturpflanzen bedecken sie schützend die Bodenoberfläche und sind so in der Lage, Verschlämmung und Erosion zu verhindern.

Beikräuter können also das Gedeihen der Kulturpflanzen wirkungsvoll unterstützen.

Förderung der Nützlinge

Ein vielfältiger Pflanzenbesatz auf dem Acker bietet vielen verschiedenen Lebewesen einen Lebensraum. Nützlinge, vor allem räuberisch lebende Insekten, treten verstärkt auf, da sie in den Beikrautbeständen Unterschlupf haben und immer genug Beute finden, auch wenn der Schädlingsbesatz der Kulturpflanzen noch unbedeutend ist. Mehrere Untersuchungen konnten nachweisen, daß in »verunkrauteten« Feldern der Schädlingsbesatz deutlich geringer war als auf herbizidbehandelten »sauberen« Flächen.

Auswirkungen auf Schädlinge

Positiv wirkt sich der Beikrautbestand auch auf die Fraßschäden von Schädlingen an den Kulturpflanzen aus. Dadurch, daß viele verschiedene Pflanzen als potentielles Nahrungsangebot in Frage kommen, kann bei einigen Schädlingen der Fraßdruck auf die Kulturpflanzen verringert werden.
Ein typisches Beispiel dafür sind die Rübennematoden, die erst dann zu Rübenschädlingen werden, wenn sie im beikrautfreien Acker keine andere Nahrung mehr finden.

Bienentracht

Blühende Beikräuter bereichern die Kulturlandschaft und bieten Bienen eine Nahrungsquelle. Dies ist besonders wichtig in Gebieten mit großem Anteil an Monokulturen, da dort das Nahrungsangebot für Bienen zeitlich sehr schwankt.

Beikräuter als Zeigerpflanzen

Viele Beikrautarten bevorzugen zum Gedeihen einen Boden von bestimmter Beschaffenheit. Häufiges Vorkommen von Brennesseln zeigt z. B. Stickstoffreichtum an, die Distel (Abb. 36) weist auf verdichteten Unterboden hin etc.

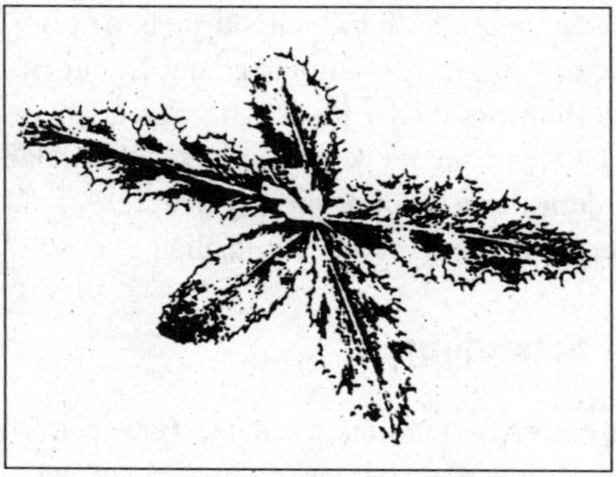

Abb. 36: Ackerkratzdistel zeigt Unterbodenverdichtungen an

Auch pH-Wert und Wasserversorgung des Bodens können anhand von Zeigerpflanzen recht genau bestimmt werden. So kann der Landwirt durch Beobachtung seiner Beikrautbestände Rückschlüsse auf den Zustand seiner Felder und eventuell anstehende Bearbeitungsmaßnahmen ziehen.

Bei der Beikrautregulierung im ökologischen Landbau verzichtet man auf chemisch-synthetische Mittel. Auf diese Weise bleibt in der Regel die Selektion weniger »Problemunkrautarten« aus, und es entsteht ein vielfältiger Artenbestand.

Untersuchungen konnten zeigen, daß auf ökologisch bewirtschafteten Äckern doppelt so viele Beikrautarten (auch Rote-Liste-Arten!) zu finden sind wie auf konventionellen, wobei die Gesamtmasse durchaus nicht höher liegen muß als auf chemisch behandelten Flächen.

Eine derart vielfältige, standortangepaßte Beikrautpopulation wird damit zur fördernden Begleitflora der Hauptkulturpflanzen und erfüllt als »Untersaat« wichtige Aufgaben im Ökosystem Landwirtschaft.

II. Vorbeugende (indirekte) Beikrautregulierung

Damit die Beikräuter nützlich bleiben und nicht überhand nehmen, sind selbstverständlich auch im ökologischen Anbau geeignete Maßnahmen zu ihrer Regulierung einzuleiten. Der Haupteffekt der Beikrautregulierung muß dabei durch indirekte, also vorbeugende Maßnahmen erfolgen.

Der beste Weg, einseitige Problemunkrautbestände zu vermeiden, ist eine vielfältige, möglichst abwechslungsreiche Fruchtfolge. Der Wechsel von Sommerung und Winterung sowie die Bereicherung der Fruchtfolgen mit Zwischenfrucht-, Gründüngungs- und Futterbau sind wichtige Möglichkeiten zur Unterdrückung widerstandsfähiger »Leitunkräuter«.

Indem man Bodenverdichtungen durch geeignete Bodenbearbeitung in Verbindung mit Gemengebau vermeidet, kann man das Auftreten von »Wurzelunkräutern« vermeiden. Der damit verbundene Aufbau von Bodenleben reduziert das riesige Samenpotential der Beikräuter, denn die Bodenlebewesen verwenden auch Beikraut-Samen als Energiequelle und verbrauchen dadurch einen großen Teil, wie neuere Untersuchungen belegen.

Als weitere wichtige Maßnahme sollte man dichte Hauptkulturbestände aufbauen: Je konkurrenzkräftiger die Hauptfrucht, desto weniger wird der Beikrautbesatz zum Problem. Dazu gehört eine erhöhte Aussaatmenge sowie eine angepaßte organische Düngung, eventuell als Kopfdüngung im Frühjahr.

All diese Maßnahmen bewirken schon nach relativ kurzer ökologischer Bewirtschaftung, daß die Beikrautpopulation vielfältig wird und damit zwischen den Beikrautarten ein gegenseitiger Konkurrenzdruck entsteht, der das übermäßige Wachstum weniger »Problemunkräuter« verhindert.

III. Direkte Beikrautregulierung

Werden alle Punkte der indirekten Beikrautregulierung beachtet, so bleibt als Aufgabe der direkten Beikrautregulierung, **die Kulturpflanzen im Jugendstadium bzw. bei ungenügender Bodenbedeckung vor dem Überwachsen durch Beikräuter zu schützen.**

Hierzu finden vor allem Striegeltechniken in Getreide- und verschiedenen Blattkulturen ihren Einsatz (neben Hack- und Abflammtechnik in Hackkulturen).
Da die nichtchemische Beikrautregulierung auf den meisten Flächen mit dem Striegel durchgeführt wird und vor allem bei der Umstellung auf ökologischen Landbau der Striegel mit das wichtigste Gerät ist, sollen hier vor allem die Striegeltechniken behandelt werden. Die Grundprinzipien und Einsatzbereiche von Hack- und Abflammtechnik werden im Anschluß daran kurz erörtert.

Striegeln

Der Striegel ist meist eines der ersten Geräte, die bei der Umstellung auf ökologischen Landbau angeschafft werden. Er ist so bedeutsam, weil er ganzflächig, d. h. auch in der Pflanzenreihe einsetzbar ist.
Striegel sind gezogene Geräte mit starren oder gefederten Zinken, zum Teil mit verstellbarem Zinkendruck (Abb. 37).

Abb. 37: Striegeln als ganzflächige Beikrautregulierung in fast allen Kulturen

Die Wirkung des Striegels beruht vor allem darauf,

- Beikräuter zu verschütten,
- sie herauszureißen,
- die Bodenoberfläche zu krümeln und
- die Bestockung des Getreides anzuregen.

Einsatzzeitpunkte des Striegels

Der Effekt eines erfolgreichen Striegelganges beruht nicht in erster Linie darauf, Beikräuter und Ungräser herauszureißen, sondern vor allem im Verschütten dieser Pflanzen. Die Beikräuter sollen daher, um einen möglichst hohen Wirkungsgrad zu erzielen, möglichst nicht über das Vierblattstadium hinaus gehen.

Um diese Aufgabe zu erfüllen, unterscheidet man **verschiedene Einsatzstadien**, die in allen Kulturen angewendet werden können:

- **Blindeggen**: Striegeln vor dem Auflaufen der Saat
- **Schwarzeggen**: Striegeln ab dem dritten Blatt des Getreides bis zu Wadenhöhe
- **Auskämmen**: Letzter Bearbeitungsgang vor dem Schossen

(Zum Verständnis: Unter den Oberberiff des Striegels fällt sowohl die Netzegge als auch der Hackstriegel sowie leichte Eggen im Striegeleinsatz).

Blindeggen

Unter dem Blindeggen oder -striegeln ist das Eggen oder Striegeln zwischen Saat und Auflaufen der Kultur zu verstehen. Die in diesem Zeitraum durch die Saatbettbereitung zum Keimen angeregten Beikräuter liegen zumeist im angekeimten Fadenstadium (Abb. 39) in der oberen Bodenschicht. Intensives Bewegen dieser Bodenschicht genügt, um die angekeimten Beikrautsamen mit ihren glasigen Wurzelfäden wirkungsvoll zu vernichten. Dazu ist eine sehr genaue Einstellung der Geräte auf flaches, aber doch intensives Arbeiten wichtig.

Obschon das Blindeggen sehr effektiv ist, bedarf es seitens der Anwender doch einiger Erfahrung und Sicherheit bei der Beurteilung des Kulturzustandes, aber auch beim Einsatz der Gerätetechnik.

Vor allem bei Winterungen ist es im Herbst sehr schwierig, den optimalen Zeitpunkt abzupassen, weil er auch sehr stark von der Witterung und dem Bodenzustand abhängig ist. Es empfiehlt sich daher, den ersten Beikrautdruck über die vorauslaufende Saatbettbereitung zu bekämpfen. Im allgemeinen ist das Blindeggen gut anzuwenden bei Sommergetreide, Grobleguminosen und Mais.

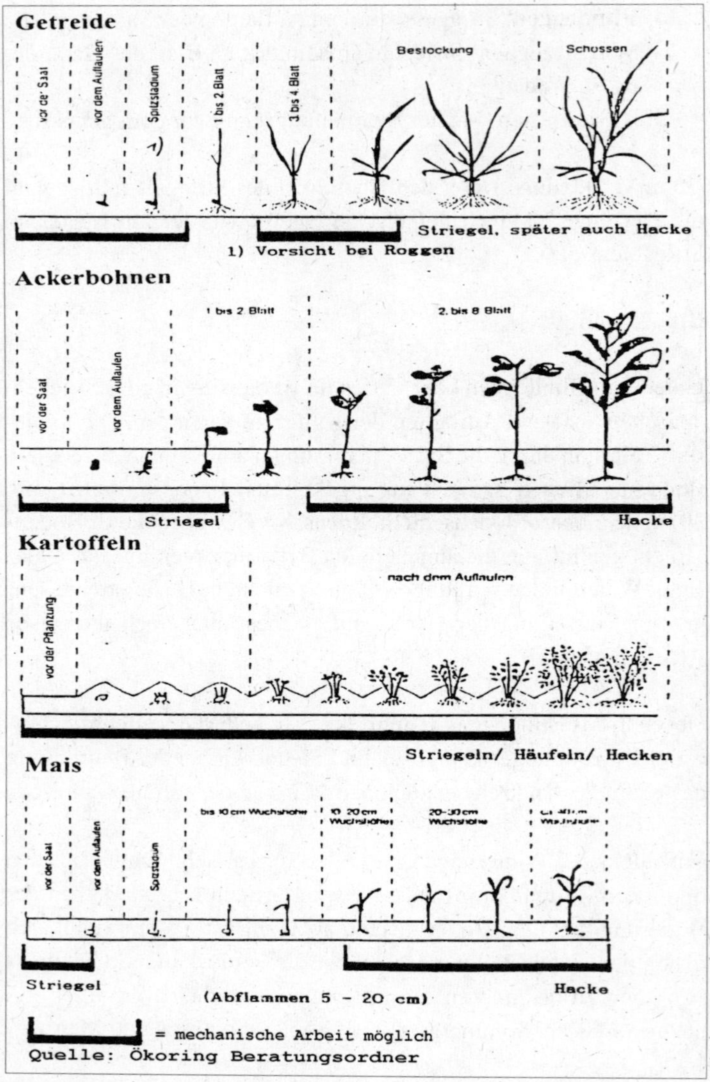

Abb. 38: Übersicht zur mechanischen Beikrautregulierung in verschiedenen Kulturen

Abb. 39: Beim Blindeggen vor dem Auflaufen der Kultur werden die Beikräuter im Fadenstadium erfaßt

Schwarzeggen

Nachdem die Kulturen das 3. oder 4. Blatt entwickelt haben, ist ein weiteres Bearbeiten möglich - das Schwarzeggen.
Wie es der Name schon ausdrückt, kommt es hier darauf an, möglichst viele kleine Beikräuter zu verschütten und den Boden intensiv zu lockern und zu durchlüften, ohne der Kultur zu schaden. Dies bedarf eines gründlichen Umdenkens der Landwirte, weil der Anblick des »schwarzen Feldes« ungewohnt ist. Bekanntermaßen entstammen aber die Getreidearten der Familie der Gräser und sind somit sehr widerstandsfähig gegen Verschüttungen.

Leider wird das Arbeitsergebnis zu oft vom Schlepper aus beurteilt. Dies kann dann zu schweren Fehleinschätzungen führen. Deshalb ist es bei der **mechanischen Beikrautbekämpfung unerläß-**

lich, immer wieder **vom Schlepper abzusteigen**, um **das Arbeitsergebnis zu beurteilen.**

Durch das Blindeggen und Schwarzeggen - beides sehr intensiv wirkende Arbeitsgänge - werden immer wieder neue Beikrautsamen zum Keimen angeregt. Doch ist es gerade Sinn und Zweck dieser Arbeitsgänge, im Boden liegende Beikrautsamen zum Keimen anzuregen. **Nur kontrolliert zum Keimen stimulierte Beikrautsamen sind zum richtigen Zeitpunkt wirkungsvoll zu bekämpfen.**

Dem ersten Schwarzeggen folgt demzufolge in fast allen Fällen ein zweiter Arbeitsgang, bei dem die vorher stimulierten Samen sehr leicht erfaßt werden. Neue, durchs zweite Striegeln ankeimende Beikräuter spielen im Kulturverlauf kaum eine Rolle, da diese durch die Lichtkonkurrenz der Kultur unterdrückt werden und dadurch verkümmern.

Bedauerlicherweise wird in Versuchen das Striegelergebnis nach einmaligem Einsatz mit der Chemievariante verglichen. Dies ist aber nicht richtig, denn zu einem erfolgreichen Beikrautmanagement gehören mehrere Arbeitsgänge.

Auskämmen

Als letzte Einsatzmöglichkeit ist das sogenannte Auskämmen möglich. Darunter ist das späte Bearbeiten vor dem Schossen zu verstehen. Bei vorherigen Arbeitsgängen nicht erfaßte Beikräuter wie Klettenlabkraut, Wicke, Ackerwinde und Vogelmiere werden ausgekämmt beziehungsweise ausgerissen.
Die Zinken berühren hierbei zumeist nicht den Boden, da sie sich sonst zu weit abwinkeln und keine kämmende Wirkung haben können. Allgemein wird das Auskämmen als sehr wichtig bewertet.

Bei rechtzeitigem und effektivem Einsatz der vorgenannten Arbeitsgänge - Blind- und Schwarzeggen - wird das Auskämmen aber die Ausnahme bleiben.
An dieser Stelle sei noch angemerkt, daß der Druck von Klettenlabkraut und Vogelmiere sehr stark von der Nährstoffverfügbarkeit (überschüssiger Stickstoff) abhängig ist. Bei notwendiger Extensivierung auch in der Stickstoffdüngung nimmt der Druck dieser »Problemunkräuter« ab.
Die heutige Beikrautflora wird nur durch wenige »Problemunkräuter« beherrscht. Da jedoch die Vielfalt der Kräuter Bestandteil der Natur ist, sie also innerhalb der Naturkreisläufe dazugehören, ist ein gesund gemischter Beikrautbesatz durchaus zu tolerieren. Schließlich wird es gar nicht möglich und auch gar nicht nötig sein, mit Netzegge und Hackstriegel einen vollkommen sauberen Tisch zu bekommen, wie er beim chemischen Pflanzenschutz möglich ist.

Striegel-Bauarten

Es sind verschiedene Bauformen von Striegeln auf dem Markt, die sich in ihrer Konstruktion und damit auch in ihrer Eignung für bestimmte Zwecke unterscheiden. Im folgenden werden diese Bauformen und ihre Einsatzbereiche beschrieben.
Im Anhang findet sich eine Auflistung wichtiger Gerätehersteller sowie ein Vergleich interessanter technischer Daten zu den Striegeln.

Die Gliederegge (Netzegge)

Die Netzegge der Firma Kress (System SCHÖNBERGER, Abb. 40) setzt sich aus beweglichen Netzgliedern zusammen und besitzt damit eine hervorragende Bodenanpassung. Sie hat neun Zinkenreihen, die mit senkrechten, unterschiedlich starken Zinken (6, 7, 8, 10 mm) bestückt werden können. Vielfach sind die drei vordersten Zinkenreihen mit 10 mm Zinken versehen, die den Boden mit schräg angestellten, abgeplatteten Zinkenspitzen aufreißen und die letzten Reihen mit mittelstarken Zinken (7 oder 8 mm), die den Boden krümeln, die Beikräuter verschütten und herausreißen. Der Strichabstand beträgt 3 cm. Die Eingriffsintensität der unterschiedlich starken Zinken läßt sich durch Verstellung des Oberlenkers und über das Stützrad stufenlos variieren. Durch ihre Baulänge und Netzkonstruktion ist sie verstopfungsarm. Die Netzegge ist für leichte bis mittelschwere Böden geeignet; auf schweren, verkrusteten Böden empfiehlt sich die Kombination mit einer Walze zur Krustenbrechung. Aufgrund der guten Bodenanpassung bewährt sie sich auch bei Dammkulturen (z. B. Kartoffeln). Für die Grünlandpflege kann die Netzegge umgedreht werden und arbeitet dann mit kurzen Zinken.

Abb. 40: Die KRESS-Netzegge, hier mit Kleinstreuer zur Untersaatausbringung

Federzinken-Striegeleggen mit beweglichem Rahmen

Die Gerätegruppe der Federzinken-Striegeleggen orientiert sich am Vorbild des Striegels der Firma Hatzenbichler (Abb. 41). Mittlerweile sind viele ähnliche Geräte auf dem Markt (Einböck, Eberhard, Regent, Agrifarm, Frick, Rabe usw.) Sie zeichnet sich durch Federzinken aus, die in einzelnen Eggenfeldern zusammengefaßt sind. Die Felder sind beweglich an einem Trägerrahmen aufgehängt und haben pro Feld sechs Zinkenleisten sowie eine zentrale Verstellmöglichkeit für den Zinkendruck (Anstellwinkel der Federzinken). Charakteristisch für die Federzinken-Striegeleggen sind die vibrierenden Zinken, die wichtig für den Verschütteffekt und das »Herausrühren« der Beikräuter sind. Die Federzinken-Striegeleggen eignen sich für fast alle Böden und Kulturen und können zusätzlich mit Streichblechen zur Grünlandpflege versehen werden. Hydraulische Klappung der Zinkenfelder ist ab einer Arbeitsbreite von 4,5 m erhältlich. Die Arbeitstiefe wird über die Stützräder begrenzt. Für sehr leichte Böden ist eine sanfte Zinken-

Abb. 41: Federzinken-Striegelegge, hier Fa. HATZENBICHLER

einstellung schwieriger, problematisch ist auch der Einsatz auf sehr schweren Böden ohne vorherige Krustenbrechung.

Hackstriegel mit Parallelogrammaufhängung

Bei diesem Hackstriegel der Firma Köckerling (Abb. 42) sind die einzelnen Striegelfelder an Parallelogrammen aufgehängt und werden über Tasträder geführt. Die sehr langen Zinken sind mit Klappsplinten an den fünf Zinkenreihen angebracht. Einzelne Zinken können daher z. B. zum Bearbeiten von Reihenkulturen werkzeuglos entnommen werden. Ergänzend dazu ist auch das Nachrüsten mit einem Hackrahmen möglich. Die Tiefenführung und damit der Zinkendruck sind stufenlos für jedes Feld über das Tastrad verstellbar. Zur Grünlandpflege ist eine Streichschiene erhältlich. Striegel mit einer Arbeitsbreite über 3 m, die zum Transport eingeklappt werden, müssen für den Arbeitseinsatz von Hand mit einem Bolzen arretiert werden. Dieser Hackstriegel ist für leichte bis mittelschwere Böden geeignet.

Abb. 42: KÖCKERLING-Striegel mit Parallelogrammführung der Zinkenfelder

Striegeltypen mit starrem Rahmen

Eine weitere Gerätegruppe ist durch starren Rahmen gekennzeichnet. (Striegel der Firma Lely (Abb. 43) für leichte Böden, alter Hackstriegel der Firma Rabe für schwerere Böden). Die geringere Bodenanpassung wird durch relativ lange gefederte Zinken ausgeglichen. Die Strichabstände betragen jeweils 4 cm.

Abb. 43: Striegel mit starrem Rahmen und langen Zinken, Fa. LELY

Spezial-Hackstriegel für schwere Böden

Dieser Hackstriegel der Firma Reinert (Abb. 44) weist auch einen starren Rahmen auf, allerdings sind die Zinkenträger, an denen jeweils drei Zinken montiert sind, pendelnd aufgehängt und mit einer Feder am Rahmen verbunden. Die Eignung besonders für schwere, verdichtete oder verschlämmte Böden ergibt sich aus der Zinkenstellung - die Zinken stehen immer auf »Griff«. Darüber hinaus läßt sich der Zinkendruck zentral über einen Spindeltrieb an die Bodenverhältnisse anpassen. Vorteilhaft ist auch der geringe Zugkraftbedarf.

Abb. 44: REINERT-Striegel für schwere Böden

Wichtige Kriterien für die Auswahl eines geeigneten Gerätes

Zinken

Am entscheidensten für eine gute Arbeitsintensität ist die **allseitige Beweglichkeit** der Zinken, um den sogenannten **»Rühreffekt«** zu erzielen. Deshalb müssen die Zinken so elastisch und flexibel sein, daß sie bei der Arbeit elliptische und federnde Bewegungen beschreiben. Diese Fähigkeit hängt sehr stark von der Zinkenlänge und dem Zinkendurchmesser sowie der Aufhängung der Zinken ab.
Der Zinken muß **stabil** genug sein, um den Boden zu schütten und zu krümeln und **flexibel** genug, um dem statischen Druck der Kulturpflanze auszuweichen. Daraus leitet sich die Länge der Zinken

ab. Zu lange Zinken haben die Tendenz, in Zug- bzw. Fahrtrichtung lediglich dem Weg des geringsten Widerstandes zu folgen und damit nur Rillen und Schlitze zu ziehen. Auch der rechnerische Strichabstand ist kein absolutes Bewertungskriterium für die Arbeitsqualität. Wichtig ist, wieviele Zinken verteilt auf wieviele Querreihen und in welchem Abstand angebracht sind (**Zinkendichte**). Gerade bei Ernterückständen und aufliegender organischer Masse ist dies wichtig, um Verstopfungen zu vermeiden.
Auch die **Qualität** der Zinken ist entscheidend. Sie sollten geschmiedet oder gehärtet sein. Ein Preisvorteil beim Gerätekauf mit Zinken minderer Qualität kann sich durch den erhöhten Verschleiß und entsprechende Kosten schon binnen kürzester Zeit als Nachteil herausstellen.

Zinkenfelder

Wichtig ist auch die **Bodenanpassung** und die **Beweglichkeit** der Zinkenfelder bei möglichst konstantem Zinkendruck. Nur wenn alle Zinken gleichmäßig im Boden arbeiten, sind auch ganzflächige gute Arbeitsergebnisse zu erzielen. Von der Beweglichkeit der Zinkenfelder hängt auch sehr stark die **Laufruhe** des Gerätes ab. Für die ersten Arbeitsgänge müssen sich die Zinkenfelder frei bewegen und ohne Rahmendruck aufgelegt werden können. Entscheidend ist das bei Hackfrüchten und Kartoffeln. Bei letzteren dürfen die Dammkronen nicht zu stark gestriegelt werden. Gleichzeitig sollen aber auch die Dammsohlen bearbeitet werden.

Arbeitsbreite

Die Arbeitsbreiten sind immer wieder ein heiß diskutiertes Thema. Viele Praktiker tendieren zu Arbeitsbreiten, die mit den Gestängen ihrer Feldspritzen übereinstimmen, das sind 9 bis 15 Meter. Hierbei ist festzustellen, daß Striegeln im Gegensatz zum Spritzen eine

Bodenbearbeitung mit entsprechendem Kraftaufwand ist. Geht man davon aus, daß pro Meter Arbeitsbreite etwa ein halber bis ein Hektar in der Stunde bearbeitet werden kann, ist die Arbeitsleistung auch von Sechsmetergeräten enorm. **Die Arbeitsbreite ist so zu wählen, daß ein kleiner Schlepper benutzt werden kann.** Ein Sechsmetergerät kann in aller Regel von einem Traktor um 40 PS gezogen werden. Kriterien sind weiter die **Lage der Felder, der Ausbau des Feldwegenetzes** sowie die **Größe der Parzellen und Schläge**. Ein Zwölfmetergerät braucht mehr als den doppelten Platz zum Umdrehen. Getreide läßt sich, im Gegensatz zu Sonderkulturen, fahrspurunabhängig bearbeiten.
Beim Gerätekauf ist ferner auf **Handhabung, Verarbeitung, Zulässigkeit nach der Straßenverkehrsordnung** sowie angebotenes **Zubehör** zu achten.

Einstellungsmöglichkeiten

Eingestellt werden Netzegge und Striegel über **verstellbare Stützräder**, die unbedingt luftbereift und großvolumig gehalten sein sollen. Diese Stützräder sind über Lochleisten verstellbar, teilweise werden schon Spindelverstellungen angeboten, die zu bevorzugen sind.
Eine weitere sehr wichtige Verstellmöglichkeit bietet der **Oberlenker**. Durch ihn läßt sich die Arbeitsqualität sehr stark beeinflussen. Beim Blindstriegeln sollen die Zinkenfelder möglichst frei »schweben«, der Oberlenker soll also kurzgehalten werden.

Bei fast allen Herstellern lassen sich die **Anstellwinkel der Zinken bzw. der Zinkendruck zentral verstellen**. Dadurch kann die Striegelwirkung gut an die jeweiligen Einsatzbedingungen auf dem Feld angepaßt werden. Die Einstellstufen sollten so angeordnet sein, daß die Zinken in möglichst senkrechte Stellungen gebracht werden können, um den vorgenannten **Rühreffekt** zu bewirken.

Einsatzbereiche des Striegels - Grenzen des Striegelns

Eine Frage, die dem interessierten Praktiker sicher unter den Nägeln brennt, ist, wann gestriegelt und wann gehackt wird.
Beim Striegeln werden vor allem Beikrautkeime und kleine Beikräuter erfaßt. Je größer die Beikräuter werden, um so geringer ist der Bekämpfungserfolg. Dies gilt vor allem für Vogelmiere, Klettenlabkraut und Kamille. Ähnlich ist es auch mit den Gräsern (besonders Windhalm und Ackerfuchsschwanz). Sie können mit dem Striegel eigentlich nur im Herbst bekämpft werden, da sie später bereits zu groß sind. Hier liegt dann das Einsatzgebiet der Getreidehacke.
Ebenso sind stark verkrustete Böden mit dem Striegel oft nicht genügend aufzubrechen. Um aber eine ausreichende Wirkung erzielen zu können, muß in diesen Fällen gehackt werden, oder man bricht den Boden mit einer Prismen- oder Cambridgewalze auf, damit er schüttfähig wird. Darüber hinaus sind kalte und nasse Standorte durch Striegeln alleine nicht sauber zu halten.
Auf verkrusteten Böden ist die Kombination der Hacke mit einer Netzegge oder einem Striegel empfehlenswert. So werden die ausgehackten Beikräuter enterdet und zum Austrocknen freigelegt.

Hacktechnik

Hacken ist sicherlich die älteste und weltweit verbreitetste Form der Beikrautregulierung. Die Handhacke fehlt auch in keinem Ökobetrieb, obwohl man natürlich bestrebt ist, aus Gründen der Arbeitserleichterung und Personalkostenerparnis auf mechanische Hackgeräte auszuweichen.
Da auf schweren Böden die Wirkung des Striegels manchmal nicht ausreicht, wird in diesen Fällen gehackt. Hacken dient nicht nur der

Regulierung von Beikräutern, sondern lockert auch verkrustete Böden, durchlüftet sie und fördert damit die Mineralisierung von Stickstoff. Die traditionellen Hackfrüchte sind Kartoffeln, Mais und Rüben.
Im Gegensatz zu Striegeln kann man Hackgeräte nur reihenabhängig einsetzen. Befindet sich die Hacke im Heckanbau, so muß eine zweite Person die Feinsteuerung übernehmen, während dies im Frontanbau an einem Geräteträger nicht nötig ist. Hacken sind die wirkungsvollsten Geräte zur Beikrautregulierung; am besten werden sie noch mit nachlaufenden Striegelzinken kombiniert.
Es gibt gezogene (Zinkenhacke, Sternhacke (Abb. 45) etc.) und zapfwellengetriebene Hackgeräte (Hackfräse, Hackbürste (Abb. 46) etc.).

Thermische Verfahren

Eine weitere Möglichkeit der nicht-chemischen Beikrautregulierung ist das Abflammen (Abb. 47). Erste Prototypen dieser Ab-

Abb. 45: Sternhacke für Reihenkulturen und Kartoffeln: Gezogene Hacktechnik mit vielseitigem Einsatzbereich

flammgeräte wurden bereits Mitte des 19. Jahrhunderts in Amerika konstruiert. Beim Abflammen werden die Pflanzen nicht verbrannt, sondern lediglich derart erhitzt, daß das Eiweiß ihrer Zellen zerstört wird. Da viele Zellen dabei platzen, wird die abgeflammte

Abb. 46: Reihenhackbürste - zapfwellengetriebene Hacktechnik für Gemüse

Abb. 47: Abflammen: Thermische Beikrautregulierung in Sonderkulturen

Pflanze welk, und bei Berührung ihrer Blätter bleibt ein Fingerabdruck sichtbar. Wichtig ist, daß die Beikräuter in jungem, empfindlichem Zustand bekämpft werden (bis zum 4-Blatt-Stadium). Der Zeitpunkt zum Abflammen ist ideal am Tag vor dem Auflaufen der Kulturpflanzen, denn so sind diese noch durch den Boden geschützt.

Aufgrund der hohen Kosten für Gerät und Flüssiggas lohnt sich der Einsatz thermischer Verfahren nur in solchen Kulturen, in denen der Aufwand an Handarbeit sonst zu groß wäre, so z. B. im großflächigen Gemüsebau. Problematisch an der Abflammtechnik ist neben dem hohen Energieverbrauch auch die mögliche Schädigung von Nützlingen (Laufkäfern, Spinnen) auf der Bodenoberfläche. Deshalb sollte möglichst nicht ganzflächig, sondern nur in der Reihe abgeflammt werden.

IV. Zehn Regeln beim Befahren von Ackerboden

Grundlage nachhaltiger Ackerwirtschaft ist ein tätiger, belebter Boden. Vor allem der ökologische Landbau ist auf ein intaktes Ökosystem angewiesen, in dem Milliarden von Lebewesen dafür sorgen, daß die Pflanzen optimal ernährt werden.

Dies ist nur möglich in einer Bodenstruktur, die genügend Speicherplatz für Luft, Wasser und Bodenleben bietet. Diese Struktur eines lebendigen, garen Bodens nennt man Schwammstruktur. Der Boden ist krümelig, porös und dennoch stabil gegenüber Witterungseinflüssen, weil er lebendig verbaut ist.

Abb. 48: Fahrspuren: Druck auf das Bodenleben

Dies ist nur möglich in einer Bodenstruktur, die genügend Speicherplatz für Luft, Wasser und Bodenleben bietet. Diese Struktur eines lebendigen, garen Bodens nennt man Schwammstruktur. Der Boden ist krümelig, porös und dennoch stabil gegenüber Witterungseinflüssen, weil er lebendig verbaut ist.
Wenn der Landwirt zur Bewirtschaftung des Bodens mit seinem Schlepper auf den Acker fahren muß, wird durch das hohe Maschinengewicht und die Notwendigkeit, Zugkraft im Boden abstützen zu müssen, die Schwammstruktur des Bodens zusammengedrückt, die Poren für Wasser, Luft und Lebewesen werden weniger, der Boden wird verdichtet. Damit ist unter der Fahrspur der Boden weniger lebendig und kann nicht mehr so viel Ertrag bringen (Abb. 48).

Um die Beeinträchtigung der Bodenaktivität durch Befahren so gering wie möglich zu halten, sind deshalb folgende zehn Regeln zu beachten:

1. Je aktiver der Boden ist, um so schneller kann eine momentane Bodenverdichtung vom Bodenleben wieder »aufgearbeitet« werden. Deshalb muß die Gesamtbewirtschaftung dafür sorgen, daß so viel Bodenleben wie möglich ernährt wird. Dies geschieht vor allem durch Pflanzenwurzeln und deren Ausscheidungen.
   Deshalb: Vielfältige Fruchtfolge, Zwischenfruchtbau, Futterbau, Gründüngung, Untersaaten!
2. Die Bodenbearbeitung hat als Hauptziel, optimale Lebensbedingungen für das Bodenleben zu schaffen. Vor allem müssen Verdichtungen gelockert und der Boden in seinen natürlichen Rißlinien aufgebrochen werden, damit sofort wieder neue Wurzeln und das Bodenleben die gelockerte Struktur lebendig verbauen können.

Also: Nichtwendende Lockerung der Unterkrume ist die Grundbodenbearbeitung eines ökologischen Landbaues. Keine Werkzeuge verwenden, die den Boden pressen oder stark schlagen und schneiden!

3. Keine Pflugfurche tiefer als 15 cm!
   Beim Pflügen wird ein Schlepperrad in die Furche gestellt, mehr als die Hälfte des Schleppergewichtes steht auf der Pflugsohle und verdichtet den Boden von dort nach unten in Tiefen hinab, in die kein weiteres Bodenbearbeitungsgerät kommt (Abb. 49)!

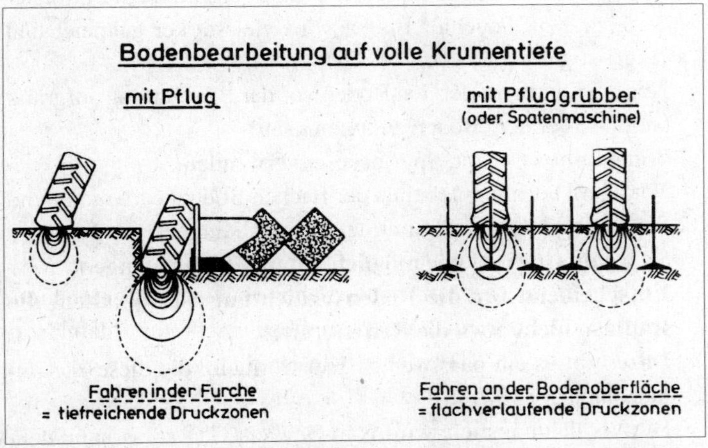

Abb. 49: Druckzonen-Verlauf beim Fahren in der Furche bzw. an der Bodenoberfläche (ESTLER, 1987)

Außerdem wird durch die tiefe Wendung des Bodens beim Pflügen die natürliche Schichtung des Bodenlebens gestört,die Bodenaktivität geht zurück, der Boden wird verdichtet.
Unter 15 cm Pflugtiefe ist der Pflug kein Lockerungsgerät mehr!
Abhilfe: Zweischichtenpflug mit 10 - 15 cm Wendung und Lockerungsscharen unter der Pflugsohle.

4. Nur auf dem Acker fahren, wenn es unbedingt sein muß!
Keine routinemäßigen Pflegemaßnahmen mit dem Schlepper machen, sondern nur bei echtem Bedarf! (Oft reicht einmal Striegeln, manchmal ist es gar nicht nötig!). Wenn die Gewichte nicht zu groß werden, Arbeitsgänge kombinieren. Eine echte Alternative kann es sein, Pflegemaßnahmen nicht mehr mit dem Schlepper, sondern mit pferdegezogenen Geräten durchzuführen.
5. **Nur bei trockenem, tragfähigem Boden auf den Acker fahren**!
Spatenprobe machen und bis in mindestens dreißig Zentimeter Tiefe graben. Feuchter Boden wird viel stärker geknetet und langfristig geschädigt!
Nur ein Landwirt, der den Boden vor der Bearbeitung aufgräbt, weiß, was er dem Boden zumuten kann!
6. Wann immer es geht, Spurlockerer verwenden!
Vor allem bei allen Arbeiten der flachen Bodenbearbeitung und Saatbettbereitung sind Spurlockerer unabdingbar!
7. **So wenig Gewicht wie möglich auf die Räder bringen!**
Entscheidend für die Bodenverdichtung ist vor allem die Radlast, nicht etwa die Reifenbreite!
Dazu gibt es ein paar wenige Faustformeln, die diese Zusammenhänge zeigen:
Die Verdichtungstiefe wird vom Gewicht G (Radlast) und dem Kontaktflächendruck K (also dem kg-Gewicht pro cm2 Aufstandsfläche) bestimmt:
$G \bullet K$ bestimmt die Verdichtungstiefe
Das Produkt aus $G \bullet K$ muß gleichbleiben, wenn das Gewicht sich ändert und nicht tiefer verdichtet werden soll.
Dabei ist es so, daß sich die Reifenbreite überproportional erhöhen muß, wenn das Gewicht erhöht wird!!

Wenn wir das Gewicht eines Schleppers nicht kennen, gilt die Faustformel:

Schleppergewicht in Tonnen = PS : 20

Weiterhin müssen wir uns den Kontaktflächendruck – auch wieder mit Faustformeln – ausrechnen:

Die Aufstandsfläche eines Reifens ist ungefähr:

$$\frac{\textit{Reifendurchmesser} - \textit{Reifenbreite}}{4}$$

In Tabelle 4 wird der Kontaktflächendruck von zwei unterschiedlich schweren Schleppern errechnet.

Tabelle 4 **Rechenbeispiel Kontaktflächendruck**	
Schlepper 1	Schlepper 2
70 PS 2300 kg Reifenbreite 41 cm Reifen-Ø 140 cm	35 PS 1750 kg Reifenbreite 21 cm Reifen-Ø 110 cm
Der doppelt so schwere Schlepper hat also auch die doppelte Reifenbreite!	
Kontaktflächendruck K (aus Faustformeln errechnet[1])	
K = 1,2 kg/cm²	K = 1,4 kg/cm²
G x K (bestimmend für Verdichtungstiefe)	
G x K = 4200	G x K = 2500
Das heißt: Obwohl der halb so schwere Schlepper 2 einen höheren Kontaktflächendruck hat und der doppelt so schwere Schlepper 1 eine doppelt so große Reifenbreite, verdichtet der schwerere Schlepper 1 den Boden fast doppelt so tief!! Erst eine Verdreifachung der Reifenbreite würde die gleiche Verdichtungstiefe bei doppeltem Gewicht ergeben!!	
[1] vereinfachend nur auf die Hinterräder bezogen	

8. Damit ist auch klar: **So oft es sinnvoll ist, Doppelbereifung (Zwillingsreifen) verwenden**, vor allem bei Pflegearbeiten, um den Kontaktflächendruck und damit die Verdichtungstiefen zu vermindern. Überbreite Reifen zu kaufen, ist nur auf reinen

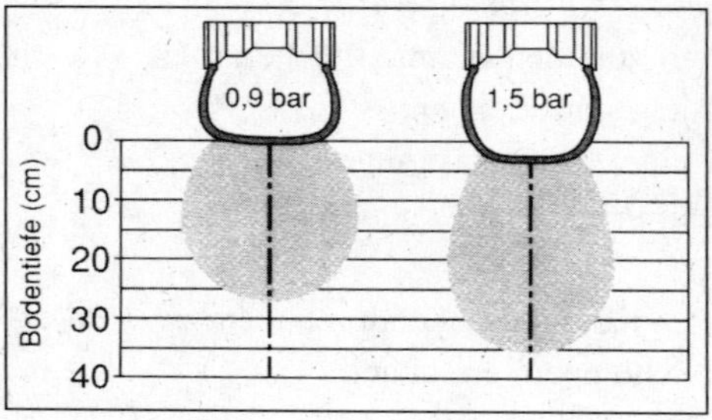

Abb. 50: Reifendruck und Bodenverdichtung; Der weiche Reifen verformt sich. Aufstandsfläche und Zugvermögen werden erhöht, Rollwiderstand und Bodenver-
dichtung reduziert. Der harte Reifen dringt in den Boden und verformt ihn. Rollwiderstand und Bodenverdichtung nehmen zu, das Zugvermögen nimmt ab (KRAMER).

Grünlandbetrieben sinnvoll, denn diese Reifen sind sehr teuer und für Ackerarbeiten meist ungeeignet.

Vorsicht: Flächige Verdichtungen durch überbreite Reifen können auf ungarem, verschlämmungsgefährdetem Boden die Bodenoberfläche undurchlässig für Wasser und Luft machen, auch wenn die Verdichtungen nur wenige Zentimeter tief gehen!

Für Arbeiten, die hohe Zugkraft verlangen, sind hohe Reifen wichtig, damit eine lange Aufstandsfläche erzielt wird, bei der viele Profilstollen mit dem Boden verzahnt sind und kein Schlupf entsteht.

Der Kontaktflächendruck (Reifenbreite) beeinflußt vor allem **Oberbodenverdichtungen,** das **Gewicht** (Radlast) die **Unterbodenverdichtungen!**

Oberstes Ziel muß sein: Höchstens so tief verdichten, daß ein Bodenlockerungsgerät die Verdichtungen noch auflokkern kann!

9. **Reifenluftdruck so gering wie möglich!**
   Je höher der Reifenluftdruck, desto höher die Bodenverdichtung!
   Faustformel:

   Reifendruck + 0,4 bar = Bodenverdichtung
   (Kontaktflächendruck *K*)

   Außerdem: **Je geringer der Reifenluftdruck, desto geringer der Zugwiderstand!**
   Optimaler Reifenluftdruck im Acker: 0,8 bar (Tragfestigkeit beachten).
   Wichtig: Regelmäßige **Kontrolle des Reifenluftdruckes** mit einem Druckmesser für ein paar Mark (Abb. 51)!
10. **Bereifung der Anhängegeräte:** Um hohe Gewichte tragen zu können, müssen Anhängerreifen ein hohes Tragvermögen haben. Im Acker ist ein gutes Tragvermögen mit gleichzeitig möglichst geringer Bodenverdichtung und geringem Rollwiderstand nur bei großer Aufstandsfläche gegeben.
    Deshalb: Breite Reifen mit höchstens 2,5 bar Druck bei Ar-

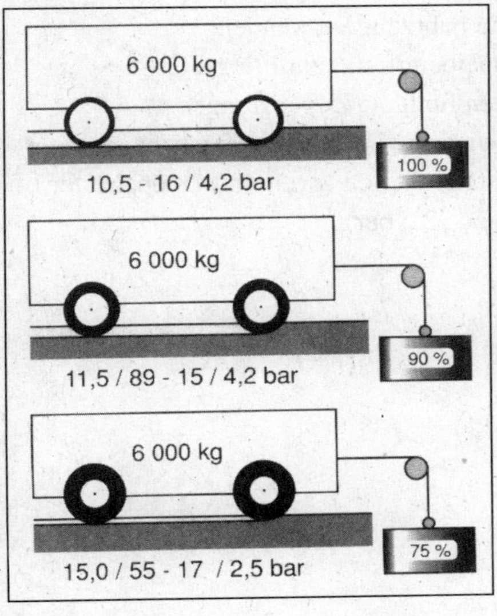

Abb. 51: Rollwiderstand verschiedener Reifengrößen im Acker. (Für das gleiche Tragvermögen mußten sie unterschiedlich gepumpt werden.) Großvolumige Reifen mit einem geringen Druck sind von Vorteil. Je geringer der Reifendruck, um so geringer der Rollwiderstand und die Bodenverdichtung. Auf der Straße sind die Verhältnisse umgekehrt. Dort läuft das hart gepumpte Rad am leichtesten (KRAMER).

beitsanhängern.

Die Reifen von Transportanhängern für Straßenfahrt können zwischen 3 und 5 bar aufgepumpt werden.

Wichtig: Hohe Anhängelasten im Acker vermeiden! Wenn möglich, ist öfters fahren mit kleinen Anhängern besser als hohe Radlasten auf großen Anhängern!

Die zehn Regeln auf einen Blick

1. Bodenaktivität erhöhen durch vielfältigen Pflanzenbau.
2. Nichtwendende Bodenlockerung als Grundbodenbearbeitung.
3. Keine Pflugfurche tiefer als 15 cm. Zweischichtenpflug verwenden.
4. So selten wie möglich auf den Acker fahren.
5. Nur bei trockenem Boden auf den Acker fahren (Spatenprobe!!).
6. Spurlockerer verwenden.
7. Immer das leichteste Fahrzeug verwenden.
8. Breite Reifen (Doppelbereifung) zur Pflege,
   hohe, schmale Reifen für hohe Zugleistungen.
9. Reifenluftdruck so niedrig wie möglich (0,8 bar).
10. Arbeitsanhänger: Breite Reifen (eventuell Doppelreifen) mit wenig Druck (max. 2,5 bar)

In diesem Zusammenhang ist für den ökologischen Landbau durchaus die Frage zu diskutieren, ob wirklich alle Arbeiten immer mit dem Schlepper ausgeführt werden müssen. Nicht nur aus Gründen der Einsparung fossiler Brennstoffe (Diesel), sondern auch, um die Verdichtung des Ackerbodens so gering wie möglich zu halten, könnte man beispielsweise einen Teil der Bodenbearbeitungs- und Pflegemaßnahmen mit pferdegezogenen Geräten durchführen. Hier ist vor allem an die Oberbodenbearbeitung, Saatgutausbringung und Beikrautregulierung zu denken (Abb. 52).

Abb. 52

Es gibt heute technisch sehr ausgefeilte Geräte für den Pferdezug, und der Kreis der Zugpferdefreunde und -interessenten wächst.
Die Arbeit mit Pferden läßt den Begriff »Arbeitsqualität« wieder in einem neuen Licht erscheinen: Nicht die Effizienz im Sinne von Höchstgeschwindigkeit zeichnet sie aus, sondern der Zugewinn an Freude bei einer sinnvollen Arbeit.
Viele Bundesländer fördern bereits mit Prämienzahlungen die Anschaffung von Arbeitspferden. Für Interessierte gibt es im Anhang Hinweise auf Kontaktmöglichkeiten.
Auch die Ausbringung von Untersaaten mit der »Kleegeige« zu Fuß ist zumindest auf kleineren Flächen nicht nur bodenschonend, sondern bringt durch das »Begehen« der Äcker auch wieder neuen Bezug zum lebendigen Boden.

Herstellernachweis

Bodenbearbeitungsgeräte

Bärtschi u. Co. AG
(Beetfräsen, Kreiseleggen)
Postfach 1
CH-6152 Hüswil

Celli
(Spatenmaschinen)
Importeure beim Maschinenhandel erfragen
Via Zignola 2/B
I-47100 Forli

Clemens u. Co. KG
(Bodenbearbeitung in Wein- und Obstbau)
Rudolf-Diesel-Straße 8
54516 Wittlich

Dutzi RDZ GmbH
(Rotorgrubber)
Industriestraße
76698 Ubstadt-Weiher

Eberhardt
(u. a. Zwei-Schichtenpflüge)
Industriestraße 8
89367 Waldstetten

Frost GmbH u. Co.
(u. a. Zwei-Schichtenpflüge)
Friedewalder Straße 50
32469 Petershagen-Friedewalde

Gassner KG
(u. a. Zwei-Schichtenpflüge)
Göggenhofen 16
85655 Großhelfendorf

Güttler GmbH
(Prismenwalzen, Saatbeetkombinationen)
Ziegelstraße 16
73230 Kirchheim/Teck

Howard GmbH
(u. a. Vorgrubber, Parapflug, Zinkenrotoren)
Unterer Hammer
64720 Michelstadt/Odw.

Kaupp Landmaschinenhandel
(Spatenmaschinen)
Stetten 1
84419 Schwindegg

Köckerling GmbH & Co. KG
(u. a. diverse Eggen)
Lindenstraße 11
33415 Verl

Kress u. Co. GmbH
(u. a. Weichel-Schichten-grubber)
Osterbachstraße 10
74196 Neuenstadt-Stein

Kuhn GmbH
(u. a. Weichel-Rotorgrubber)
Hafenstraße 38
77694 Kehl am Rhein

Lemken KG
(u. a. Zwei-Schichtenpflüge)
Weseler Straße 5
46519 Alpen

Niemeyer Söhne GmbH & Co KG
(Zwei-Schichtenpflüge)
Postfach 1165
48466 Hörstel

Odenwald-Werke GmbH
(Abbruchlockerer MM50, MM100)
74834 Elztal-Rittersbach

Rabewerk
(u. a. Zwei-Schichtenpflüge)
Am Rabewerk
49152 Bad Essen

Rau GmbH
(u. a. Rotorgrubber)
Postfach 1231
73235 Weilheim/Teck

Zobel
(u. a. Stoppelhobel, Spaten-rollegge)
Postfach 6
74585 Rot am See

Spatendiagnose-Zubehör

Kress u. Co. GmbH
Osterbachstraße 10
74196 Neuenstadt-Stein

Striegel

(Aufgrund des mittlerweile unübersichtlich zahlreichen Angebots kann hier nur eine Auswahl an Herstellern aufgeführt werden)

Eberhardt
Industriestraße 8
89367 Waldstetten

Hatzenbichler Maschinenbau
Fischerring 2
A-9443 St. Andrä

Kress & Co. GmbH
Osterbachstr. 10
74196 Neuenstadt-Stein

Lely Industries
Weverskade 10
NL-3155 PD Maasland

Rabewerk
Am Rabewerk
49152 Bad Essen

Reinert Agrartechnik und Gerätebau
Marktplatz 9
91746 Weidenbach-Triesdorf

Kontaktadresse für pferdegezogene Landmaschinen

Interessensgemeinschaft Zugpferde in Deutschland e.V.
c/o: Erich Degreif
Breite
14547 Stücken
Tel. 033204-35648
Fax 033204-35649

Tabelle 5
Eine Auswahl von Striegeln im Vergleich (ohne Anspruch auf Vollständigkeit)

Hersteller	Arbeitsbreiten (m)	Strichabstand (cm) [1)]	Zinkendruckverstellung / Stufenzahl	Striegelgewicht (kg) bei 6 m Arbeitsbreite	mittlere Zinkendichte pro m^2
KÖCKERLING	3 bis 18	2,5	stufenlos über Testrad	425	38,1
KRESS[2)]	1,5 bis 12	3	stufenlos über Oberlenker und Stützrad	410	20
LELY	4,5; 6; 7,5	3,9	5 oder 9	300	27,3
REINERT	3; 6	4	stufenlos über Spindel	395	41,7
AGRIFARM	3 bis 12	2,5	5	500	40
EINBÖCK	1,5 bis 24	2,5	5	500	40
FRICK	4,5 bis 15	3,1	6	499	29,1
HATZENBICHLER	1,5 bis 24	3,1	10	460	29,1
REGENT	4,5 bis 24	3,1	7	485	30,2

1) berechnet aus Firmenangaben
2) Angaben beziehen sich auf Netzeggen-Typ ES/EN, der aus 3 Querreihen mit 10 mm und 3 Querreihen mit 8 mm besteht.

Tabelle 6

Tests der Gesellschaft für Boden, Technik, Qualität (BTQ) ergaben folgende Bewertung der momentan auf dem Markt erhältlichen Zweischichtenpflüge mit Untergrund-Lockerungsscharen

	Eberhard	Frost	Gassner	Lemken	Niemeyer	Rabe
Minimale Wendetiefe (cm)	12	13	8	13	13	11
Maximale zusätzliche Lockerungstiefe (cm)	20	15	20	15	20	18
Lockerungseffekt	gut	mäßig	sehr gut	gut	gut	sehr gut
Exakte Wendung	sehr gut	sehr gut	sehr gut	sehr gut	sehr gut	gut
Verstellbarkeit der Lockerer	sehr gut	gut	sehr gut	mäßig	gut	sehr gut
Furchenradlockerung	mäßig	schlecht	sehr gut	gut	gut	mäßig

Auswertungsbogen

Zum Ausfüllen des Auswertungsbogens der Spatendiagnose

Grundsätzliches:

Die Spatendiagnose ist eine Schätzmethode, keine Meßmethode. Das heißt, daß das Ergebnis nicht aus einer oder mehreren exakt nachprüfbaren Zahlen besteht, sondern aus einem Gesamteindruck, der aus der Abschätzung verschiedener Faktoren entsteht, die die Bodenfruchtbarkeit kennzeichnen.
Dennoch ergibt die Spatendiagnose - einige Übung vorausgesetzt - eine sehr exakte Beschreibung des Bodenfruchtbarkeitszustandes und bringt sofort Ergebnisse und Entscheidungshilfen für praktische Bewirtschaftungsmaßnahmen.
Jede Bewirtschaftungsmaßnahme sollte erst nach einer Spatendiagnose entschieden und hinterher mit dieser überprüft werden. Durch regelmäßige Anwendung zu verschiedenen Zeitpunkten, auf verschiedenen Flächen und unter verschiedenen Pflanzenbeständen bekommt man sehr schnell Übung und wird sehr sicher im Bewerten der einzelnen Fruchtbarkeitsfaktoren.

Der Auswertungsbogen besteht - neben den allgemeinen Angaben zu Standort, Bewuchs und sonstigen Anmerkungen - aus acht Spalten, die vor allem die Bereiche
– Bodenstruktur
– Wurzelbild
– Bodenfeuchte
umfassen.

Die Profiltiefe von 35 cm ist jeweils in Abstände von 5 cm unterteilt.

Zu Spalte 1, Teilchengröße:

Mit Teilchengröße ist der ungefähre Durchmesser der Bodenaggregate gemeint, die sich im momentanen Zustand im Bodenprofil abzeichnen oder sich mit der Kralle leicht voneinander lösen lassen. Diese sichtbaren Aggregatgrößen sind natürlich abhängig von der Bodenart und der Feuchtigkeit, aber es ist wichtig, den momentanen Zustand so zu erfassen, wie er vorliegt.
Oft ist es nicht ganz einfach, sich für eine durchschnittliche Größe der Bodenteilchen in einem Profilbereich zu entscheiden. Vielleicht hilft es manchem, sich zu fragen, wieviel Prozent der Teilchen z. B. kleiner als 1 cm, wieviel kleiner als 2 cm, wieviel kleiner als 4 cm sind usw., um dann aus diesen Anteilen einen Durchschnittswert zu finden.
Im Endeffekt ist auch die exakte Zahl nicht entscheidend, sondern die Unterschiede der Teilchengrößen in der Profiltiefe, die dann als Diagramm die Bodenstruktur deutlich machen.

Zu Spalte 2, Verdichtung:

Hier muß man sich in jedem Profilbereich für einen Grad der Verdichtung entscheiden - von »locker« bis »sehr fest«. Auch das ist natürlich sehr abhängig von der Bodenart und der Bodenfeuchte, aber man kann hier vor allem aus der Form der Bodenaggregate sehr viele genaue Hinweise bekommen: Ein Sandboden kann z. B. sehr verdichtet sein - das zeigt sich nicht nur beim Einstechen des Spatens, sondern auch daran, daß relativ große Bodenaggregate »zusammenhängen« (also keine Einzelkornstruktur vorliegt), die beim Auseinanderbrechen sehr glatte Oberflächen und scharfe Kanten zeigen.

Solche Aufbruchlinien, in denen die Teilchen wieder spiegelbildlich zueinander passen, weisen in allen Bodenarten auf hohe Verdichtung hin. Abgerundete Kanten und Ecken der Bodenaggregate, viele Aus- und Einbuchtungen dagegen weisen auf geringe Verdichtung und gute Belebung hin (Krümelung!).

Zu Spalte 3, Horizonte

Horizonte erkennt man sehr schnell im Profil - ihre Ausprägung kann man anhand der unterschiedlichen Teilchengrößen, Durchwurzelung oder Feuchtigkeit im Boden genauer bestimmen.

Zu Spalte 4, Durchwurzelung:

Auch hier gibt es natürlich sehr viele Varianten von »keine« bis »sehr gut«, die natürlich auch bei allen Pflanzenarten unterschiedlich ausgeprägt sind. Eine sehr gute Durchwurzelung mit Klee sieht anders aus als eine sehr gute Durchwurzelung mit Getreide - diese Unterschiede sieht man aber sehr schnell.
Wichtig ist auch hier vor allem der Unterschied in den einzelnen Profiltiefen, der im Diagramm deutlich wird. Zu achten ist auch auf Stellen (Horizonte, Verdichtung!), wo Wurzeln abknicken und waagrecht wachsen. Diese können mit Pfeilen gekennzeichnet werden.

Zu Spalte 5 und 6, Feinwurzeln und Knöllchen:

Das Vorhandensein und die Ausprägung von Feinwurzeln oder Stickstoffknöllchen ist auch von Pflanze zu Pflanze unterschiedlich, wird aber vorwiegend vom Bodenzustand (Bodenleben, Luft, Feuchtigkeit) bestimmt und gibt damit einen deutlichen Hinweis auf die natürliche Bodenfruchtbarkeit.
Hierzu muß man die Wurzeln etwas genauer anschauen (evtl. Vergrößerungsglas) und wird sehr bald ein Gefühl für die Bewertung bekommen.

Zu Spalte 7, Bodenfeuchte:

Hierzu muß man den Boden zwischen die Finger nehmen und reiben, um die Feuchtigkeit im jeweiligen Abschnitt zu bestimmen. Auch hier wird man den Unterschied der Bodenarten sehr schnell kennenlernen und damit ausschalten können, denn wichtig ist auch hier vor allem die Verteilung entlang der Profiltiefe.
Hilfreich ist auch oft das Aufbrechen einzelner Bodenaggregate, um zu untersuchen, ob die Feuchtigkeit nur als Film in Bodenrissen vorhanden oder auch in die Bodenaggregate eingedrungen ist.

Zu Spalte 8, Rückstände:

Die im Profil sichtbare organische Substanz kann bestehen aus Grünmasse, Stoppelresten, Mist oder Gülle, teilweise auch aus alten Wurzeln.
Hier ist es wichtig, festzustellen, wo im Profil sich organische Substanz befindet und wie der Verrottungszustand ist.
Dieser ist zum einen mit den Fingern festzustellen (gut verrottet: bröselig - wenig verrottet: zäh) und zum anderen mit der Nase (faulig oder erdig).

Auswertungsbogen

Betrieb: ____________________ Datum: ____________________

Fläche: ____________________ Bewuchs: ____________________

Tiefe cm	BODENSTRUKTUR			WURZELBILD			BODENFEUCHTE	Organische Rückstände
	Teilchengröße - Ø in cm 5	Verdichtung	Horizonte	Durchwurzelung k s m g sg	Feinwurzeln	Knöllchen	t -f f +f n	
5								
10								
15								
20								
25								
30								

Betrieb: ____________ Datum: ____________

Fläche: ____________ Bewuchs: ____________

Tiefe cm	BODENSTRUKTUR			WURZELBILD			BODENFEUCHTE	Organische Rückstände
	Teilchengröße – Ø in cm 5	Verdichtung	Horizonte	Durchwurzelung k s m g sg	Feinwurzeln	Knöllchen	t –f f +f n	
5								
10								
15								
20								
25								
30								

Literatur, Medien

Brucker, G: Lebensraum Boden: Daten, Tips und Tests. Franckh-Verlag, Stuttgart, 1988

Hoffmann, M. und Geier, B.: Beikrautregulierung statt Unkrautbekämpfung, 2. Auflage, Alternative Konzepte, Bd. 58, C. F. Müller Verlag, Karlsruhe, 1989

Preuschen, G.: Das neue Bodenbuch. Fischer, Frankfurt/M., 1988

Preuschen, G.: Der Landwirt als Bodenschützer. Stocker-Verlag, A-Graz, 1985

Preuschen, G.: Eine Anleitung zur Spatendiagnose. SÖL-Sonderausgaben Nr. 2, 5. Aufl., Bad Dürkheim, 1990

Preuschen, G. und Bernath, K.: Bodenschonende Mechanisierung. SÖL-Sonderausgabe Nr. 10, 3. Aufl., Bad Dürkheim, 1989

Preuschen, G. und Bernath, K.: Die Kunst der Gründüngung. Stokker-Verlag, A-Graz, 1983

Rusch, H. P.: Bodenfruchtbarkeit. 4. Aufl., Haug Verlag, Heidelberg, 1968

Sekera, M.: Gesunder und kranker Boden. 5. Aufl., Stocker-Verlag, A-Graz, 1984

Voitl, H. und Guggenberger, E.: Der Chroma-Boden-Test. Verlag Orac, A-Wien, 1986

Walter, Sabine: Nicht-chemische Unkrautregulierung. SÖL-Sonderausgabe Nr. 27, Bad Dürkheim., 1990

Versuchs- und Beratungsring ökologischer Landbau in Niedersachsen e. V. (Hrsg.): Ökoring Beratungsordner, Walsroder Straße 12, 29683 Fallingbostel, 1989 ff.

Videofilme: »Boden lockern ohne Pflug«, »Bodenbearbeitung im ökologischen Landbau«, »Die Spatendiagnose«, »Striegeln - ökologisch sinnvolle Unkrautregulierung«. Kulturland Video, Erlenweg 3, 83209 Prien

Das Zugpferd. Internationale Zeitschrift zur Förderung der Katblutrassen in umweltschonender Arbeit und in der Freizeit. Verlag Erich Degreif, Breite, 14547 Stücken